寂光幽邃

茶杯

池宗宪⊙著

宁谧邃远，一碗人情

茶杯

寂光幽邃

目 录

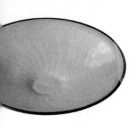

序

杯·幽邃的凝视

茶杯，只是用来装茶的容器，何足大论特论?

茶杯，自品茗伊始，自甘成为配角，或形单影只，或成双成对，环绕在壶与茶器周边，或因如是"不起眼"而身处于茶器中的细微末节。然而，杯小却藏无尽之美，是与我们生活最贴近的用器!

杯用以品茗，杯也可成为一件独立的艺术品。由胎土、形制、釉色等不同角度来解构欣赏，杯的用料、烧结条件、窑口结构等不同因素，为品茗时留下杯与茶的对话空间：薄胎杯挂香，由熟汤到冷汤，茶香由杯体冉冉升起；厚胎杯稳实，叫品茗时温暖贴心，久久不散……如是看杯，多了一层实用的趣味!

精致的品茗堂奥中，每个杯子潜藏着制成前的不同元素，进而产生种种"变数"。杯子的变数连动着品茗茶种的差异性，于是原以为一只简单的杯，顿时多彩多样起来!

历代对杯子的称谓就看出多样的变化：碗、瓯、盏、盅、杯等。来自不同时代风格的品茗方式，使用杯器，形成烧制杯器窑系的大版图。光是一件黑釉茶盏，同时代南北两地的窑口，纷纷出现：如陕西耀州窑茶盏、河南宝丰黑釉茶盏。本源自闽北建阳窑的黑釉茶盏成为"供御""进珓"后，引起各地仿效，原本以青釉出名的窑口也出产黑釉茶盏。

外观看来神似，懂鉴赏的由胎土处下手，鉴赏可分辨盏源自何方，这是赏器鉴盏的况味！

赏器深究，可鉴器再注茶汤入杯，品神妙香醇的变幻。黑釉茶盏与越窑青瓷茶盏的釉色，联结茶汤颜色变化？香、甘、甜、滑，滋味又有哪些细致的表现？

茶杯看是小却能体味大的神妙。观赏西方名瓷杯，在把手的制成中，连带驱使使用者持把姿势，或上持或下押等等，都有精密的设计，为的是让不同触感确实掌握杯器。如是用心，是悠然自得享用下午茶的必然！

平日用杯，不注茶而只是注白开水，习称"茶杯"，反映了生活中杯子与人的亲密度。然而，面对单纯的一个杯子，我们又何曾认真地注意过它的身影、容颜背后制成的符征（signifier），以及潜藏的工艺美的符旨（signified）？

一个生活小节上的茶杯，只为生活之需，是一件足供人们喝茶时赏心悦目的器物。对于杯子的探索，在中国历代茶器的浩瀚世界里从未停止，杯器的形制、容量、釉表的氛围，散溢着自身的芬芳。一件明代德化瓷杯的如玉凝脂釉色，带来的触感，正如玉一般温润。德化杯品茗注入武夷茶，释放"岩骨花香"震慑群杯！香扬韵深，为何同一泡茶注入不同杯器，竟有高昂与平和的反差？

一只"若琛"杯若香橼大小，是品茶人（懂得品茗实务兼具文化厚度者）引动清、香、甘、活的梦幻逸品。杯形好、青花妙之外，它身上扬起一阕茶汤交响诗。茶杯，是香、甘、醇、活的凝聚，选美的茶杯是美化人生的一种提醒。茶杯幽邃表情凝视每回与品茗的相遇！

第一部

杯·个性·表情

　　品茗以杯就口，湿润唇齿接触的刹那，杯的口沿顿时演化出茶的神髓，让品茗赋予了茶汤一身绮丽。杯的釉色是延伸茶香气和醇味演出的舞台。一时之间，同样的茶汤注入不同的杯器，却交错一次不可思议的变动：才惊跃上扬的香气，怎么在不同杯器中消逝了！是谁完结了杯底金黄茶汤超俗飞扬的芬芳？又是谁催动茶单宁醇化的集结，让茶韵生动地在品茗时光间停驻？

　　何等无止境的杯器，让各色不同的茶种现身？又是何款形制的杯器让焙火茶香直蹿，实践"茶君火臣"的绝妙组合？在茶器的空间领域里，茶杯随着时间的演变，走过了一生的悲欢离合。有时叫做"杯"，有时叫做"盏"，有时杯用来为茶服务，有时兼具酒器之用……如是随和的杯器在品茗活动时，常居处配角，甘于被支配使用。

　　杯的表情，在茶汤注入时十分丰沛，品茶人选用的杯与茶宜，杯器回报和颜悦色的笑意。茶汤温柔婉约，柔情似水，润饰苦涩，瞬间转化，甘甜滑顺；品茶人用杯不经心，大意摆杯，茶汤色滞，鲜活不再，苦涩滞口，令人不悦。

　　杯，放至低下位置，在嘴离开口沿后，丧尽再续前缘的相会，就很难去赏析杯形优雅的风韵。杯的形状可按制作者与使用者的交替变换，有平口形、斗笠形、筒柱形等，在杯的形制变换中，必然和品茗方式勾连着鲜为人知的恋曲：点茶法流行时代的绿茶，必以黑釉茶盏能益茶色为上；小壶泡茶品乌龙茶，用白釉茶杯不改茶色为佳……

考量实用功能，杯器与壶的绝妙组合有此"容量说"：六杯壶、四杯壶……看来具体的壶器表述，却是模糊的开端。买"六杯壶"后，到底哪六个容量的杯子才合用？杯子容量没有标准答案，一杯是 50 毫升，还是 100 毫升？

模糊（Fuzzy）应是清楚明白后的放空，是一种最不模糊的态度。杯子容量要多大才是与壶的最佳搭配？理性的品茗杯量，西方流行的品茶杯器中有具体的答案；而在中国品茗绮丽的世界里，茶杯的容量看似清明，历经数个朝代却未见定论。这种容量任意，到底勾连了哪些奇妙的文化底蕴？

1章

［茶杯］
美的开始

茶杯，美的开始。从文物符号学的角度来探讨历代品茗惟用之杯器，寻求不同窑址经火炼烧制而成的杯器作主轴，利用符号之间的『相似』『相对』『相异』所居处在『系谱轴』（Paradigms）（注1）中的元素，发现杯子材质符号、年代符号、产地符号、造型符号、装饰符号等组成的密码。如此杯子具足内涵，是一种价值再创造，同时也是艺术延伸的过程。

茶杯是美的开始

符号学沿革

索绪尔（Ferdinand de Saussure，1857~1913，瑞士语言学家，是现代语言学之父）的语言系统中，将语言看成一个单位符号（Sign），符号由符征（Signifier）和符旨（Signified）所构成。符征指的是能扣动心灵意念，听得到或看得到的信号。符旨指的不是"物"，系由符征所唤起的抽象心灵意象。

符号的意义在特定系统中约定俗成，会受情境转换而出现不同指涉。符征和符旨会互相转换。尚·布希亚（Jean Baudrillard，1929~2007，法国社会学家及哲学家）认为，物体中的符旨是：物品的本身构成物质；符征是：物品外在形式。

罗兰·巴特（Roland Barthes，1915~1980，法国文学家、社会学家、哲学家和符号学家）认为，符号处于不同情况，阅听人（audience）面对相同的符征，可能会产生指涉不同对象的解读。

茶杯背后的文化意涵

"符号学"源自语言系统理论中，如何应用在茶器的系统里？又如何解构茶器与时间年代的关联性？就从一只杯子开始，从它身上解构背后的文化社会意涵。

年代符号：杯子出现在先民文化群的出土物中，是一种饮器，到了秦汉成为食器的一款，六朝出现青釉盏，唐陆羽更推崇越窑茶碗为天下第一。

不同的杯子在一个系谱轴里有其共同之处：作为饮用之器。杯子最早出现于新石器时代仰韶文化、大

注1：系谱轴是可以选择各种元素的存在。同一个系谱轴里的各单元必有其共同之处，而且每一个单元必定与其他单元清楚区隔。文字是一个系谱轴，这个系谱轴里又可分出不同的系谱轴，如文法、用法、动词。

杯子背后的文化意涵

汶口文化、龙山文化、甘肃仰韶文化马家窑类形、齐家文化、大溪文化、屈家岭文化、河姆渡文化、马家滨文化、石峡文化、昙石山文化及商至汉代的遗址墓葬中。器形丰富，其中以北首岭类型的三尖椎足杯、中原地区龙山文化早期涂红衣的小杯和晚期的双耳杯，大汶口文化的觚形杯和镂孔糕柄蛋壳杯，山东龙山文化的单耳杯和高柄杯，屈家岭文化的高圈足杯和蛋壳彩陶杯，商代的大口深腹带錾圈足杯，以及唐代的彩色釉陶杯和绞胎陶杯为各时代的代表性杯器。

那么最早的盏托是在哪里出现的呢？

出土的六朝（229~589）的青釉盏托为此时期品茗特质做了诠释。

从饮食器中脱颖而出

《六朝瓯窑瓷器》一文指出："盏托：二式。系耳杯托盘演变。第一式，盏直口，深腹，托盘坦壁，内有一突起圆圈，假圈足，内凹底；第二式，造型基本同第一式，惟盏口微敛，假圈足，平底。"此外，《瓯窑探略》也说明："杯盘（或称盏托、托盘）由大变小，壁由斜直至内弧；杯，始为耳杯，早期腹浅、底小，东晋时双耳上翘，南朝时盛行一种深腹直口圈足杯，圆形托盘正中设小杯状托圈，恰与杯足相配，使之'无所倾倒'。"

杯器从饮食器脱颖而出，逐渐成为重要品茗用器，由六朝青瓷茶杯盏的身上，更嗅出了当时品茗人文风格，这也是验证唐朝陆羽所言："（茶之）为

新石器时代仰韶文化杯器（上）
青釉带来如玉的温润（右）

饮，最宜精行俭德之人。"都在幽境求自然禀性，品茶士赏幽，耽茗饮用器之佳，乃重宁静青瓷了。

六朝青瓷盏托的釉色，陆羽在当时推崇越窑茶盏，在盏色中的质朴自然，系有一脉相承气息。而此自然茶道精神，正和王室使用茶道的金银器成为强烈对比。

器泽陶简·出自东隅

杯是饮器。一直进入南朝与唐以后，杯之饮器分化，有的成为饮酒用杯，有的是饮茶之器。两者曾经通用之杯难舍难分。唐嗜茶风蓬勃，茶酒用器有了分野，专用的茶杯出现。文人嗜茶成了"茶痴"，他们以诗自喻嗜茶，茶器的具体功能性出现了：他们用极简的字，创造一种新的人生价值，与生活的精致度，可达开阔人生的目标。一只茶盏所代表的生活方式，标志着品茗对苦味的青睐。由苦转甘的生机，形成了茶的精神愉悦。

杯，自古被放在饮器之林，而茶杯以"碗"名出现系唐代，累积前人之精，以传世考证的陶瓷碗为主流。事实上，早于陆羽《茶经》问世以前，魏晋南北朝的杜育写的《荈赋》对茶和茶器有其创见。

材质符号：青瓷釉色带来茶汤视觉的愉悦感，而实用的漆器多元材质，像陶与玻璃共同投入杯林材质行列。

《荈赋》曰："器泽陶简，出自东隅。"这是记录茶碗的文献，在此前茶碗渊源自食器，陶杯在先民文化出土实物外，秦汉盛行用漆器作为食器，其中的耳杯被当成酒器式食杯，汉马王堆出土的耳杯中发现书有"君幸食""君幸酒"等字样。

六朝青釉盏托

茶酒交锋·耳杯相欢

马王堆耳杯是漆杯，晋时耳杯是青瓷，形制相仿，杯是酒器亦可当茶器，实用互用。今人古器新用亦饶富情趣：一对高29毫米，口径79毫米的青瓷羽觞杯再生，注入五十年的老普洱，汤红金亮，青瓷生辉，老杯新用，茶酒交锋，耳杯相欢。文献记录茶的生态，呼应有茶要有器相伴的亲密关系。三国时代的张揖（字稚让，魏明帝太和中为博士）在《杂字》中说："荈，茗之别名也。"西晋孙楚（？—293，西晋诗人，字子荆，太原中都〔今山西平遥西北〕人）的《出歌》中也说："姜桂茶荈出巴蜀。"东晋郭璞（276—324，字景纯，河东闻喜县〔今属山西省〕人）在注《尔雅》中的"苦荼"时说："今呼早采者为茶，晚取者为茗，一名荈，蜀人名之苦茶。"

茶杯出色入列，成为品茗要角，用器材质多元化时代亦来临。木质、金属、玻璃均证明古代器皿的材质多样化。1987年，陕西法门寺地宫出土玻璃茶碗；1955年出土的北燕天王冯跋弟冯素弗夫妻墓葬的玻璃杯碗；1975年河北出土东魏的银碗等不同材质的碗器，其间又以陶器为重。这也是《荈赋》中忠实记录当时品茗用器的陶碗，所指的是浙江青瓷窑系中浙江上虞的早期越窑，或位处温州一带的瓯窑。

南京市博物馆《六朝风采》专辑（注2），提到出土的饮食器物，其中有的是漆器材质，有的是陶制的材质、青瓷材质，不同的材质元素，共同模塑的饮食器中，值得注意的是当中出现的耳杯与碗。这些器皿足证茶器盏托起源于饮食器。

造型符号：杯子材质多元，造型多变，盏托两器合一，杯器造型自成天下。

杜育说："器泽陶简，出自东隅。"陆羽说："碗，越州上者是也。"都指青瓷益茶的光泽。而

注2：出土生活器皿（茶器）统计表（见下表），《六朝风采——南京市博物馆》，北京：文物出版社，2004。

应缘我是别茶人（左）
耳杯与茶相欢（右）

与茶碗共生的盏托，亦源自日常餐饮器具。陆羽的评等首倡越窑是品茶上器，杜育推崇越窑，品茗为器生辉，确系强烈反映了当时贵族和文人的审美况味。而使茶器的碗与托合而为一，从出土文物来看，盏托汉已有使用。流传较广的有崔宁之女发明盏托之说。

出土生活器皿（茶器）统计表

出土地	出土相关茶器内容
朱然墓（吴赤乌十二年〔249〕）	漆托盘、耳杯、勺、匕、青瓷盘、碗
南京长冈村5号墓（吴末西晋初期）	铜盘、耳杯、勺、碗
南京大学北园墓（东晋前期，疑为东晋帝陵）	陶盘、耳杯、勺、钵、青瓷盘、碗
南京象山7号墓（东晋前期，应为王氏家族墓之一）	陶盘、杯盘、耳杯、青瓷盘、碗
高崧墓（南京仙鹤观2号墓，东晋太和元年〔366〕）	陶盘、耳杯
南京隐龙山3号墓（南朝前期）	陶盘、耳杯、钵、青瓷钵
丹阳胡桥吴家村墓（南朝，疑为萧齐帝陵）	陶盘、耳杯、漆耳杯

崔宁之女和盏托恋情

唐李匡乂《资暇集》卷下《茶托子》说："建中（780~783），蜀相崔宁之女，以茶盅无衬，病其熨指，取楪子承之。既啜而盅倾，乃以蜡环楪子之央，其盅遂定。即命匠以漆环代蜡，进于蜀相。蜀相奇之，为制名而话于宾戚，人人为便，用于代。是后，传者更环其底，愈新其制，以至百状焉。"

茶托的传说源于宰相崔宁之女为防烫手，取"楪子"放上茶盅固定，此法既实用又美观。盏和托两器合一，盏托不仅款式造型丰富，从出土的实物来看，不论材质、

青瓷翠色迷人

杯，材质多样化

形制均实用，且兼具赏玩之妙。

1987年，法门寺出土了琉璃质地的茶碗与茶托。琉璃材质盏托是中西文化交流下的产物。金属材质形成茶盏托用料，是出土实物的告白。1958年，陕西铜川耀县柳林背阴村出土了银制的茶碗与茶托。而关于金属盏托的记载则出现在南宋。周去非（1135~1189，字直夫，浙江省温州人）《岭外代答》："雷州（辖境相当今广东雷州半岛大部地区，治海康）铁工甚巧，制茶碾、汤瓶、汤匮之属皆若铸就。"

崔宁之女是否真为盏托量身定做，而使茶碗找到美丽的归宿？其实，汉代以前的文献就足证盏托已经出现。关剑平在《茶与中国文化》中指出："汉代已经使用盏托也有文献依据。"《周礼注疏》卷二十《春官·司尊彝》说："春祠夏禴，裸用鸡彝鸟彝，皆有舟。……秋尝冬烝，裸用斝彝黄彝，皆有舟。"郑司农云："舟，尊下台，若今时承盘。"唐代贾公彦进一步解释："郑司农云'舟，尊下台，若今时承盘'者，汉时酒尊下盘象周时尊下有舟，故举以为况也。"

盏托与茶杯共生

最早的盏托从哪儿来

最初，盏托的作用首先是为防止饮食物溢落，弄脏室内。因为当时的生活习惯是席地而坐，为防止杯碗烫手亦是实用要素。河北迁安于家村一号汉墓发现了两种不同形状的食案；1960 年，在广州河沙顶出土了铜案、耳杯，在湖南长沙西汉墓里发现了石杯盘；1975 年在河北赞皇县出土的东魏金银酒具也有托盘。器形在使用工具与时代遮变下前进，而釉色与器表上的装饰符号，由出土物和传颂诗歌中，寻访杯器芳香。

装饰符号：一件南朝青瓷茶碗上，出现写意莲花图案，不仅是装饰杯器之意，更是品茗时一种生活态度。青釉莲瓣纹褐斑碗（高 43 厘米，口径 84 厘米），青瓷莲瓣纹简约生动，在器表吐露花的芬芳；同时期的青釉盏托（高 43 厘米，口径 83 厘米），釉表咬土，斑驳见盏沿弦纹苍劲有神。

装饰符号的表达是以物喻境，经过茶器表白对茶一生一世的情谊。唐宋诗人的茶境是诗，更是一字一句地品味。

唐，白居易（772～846，唐代诗人，字乐天，号香山居士，其先祖太原〔今属山西〕人，后迁居唐下邽〔今陕西渭南县附近〕人）："不寄他人但寄我，应缘我是别茶人。"

杯、衬出品茗文雅

唐，卢仝（795~835，诗人，号玉川子，济源〔今属河南〕人）："平生茶炉为故人，一日不见心生尘。"

唐，杜牧（803~852，字牧之，京兆万年〔今陕西西安〕人，宰相杜佑之孙，大和进士，授弘文馆校书郎）："谁知病太守，由得作茶仙。"

唐，贯休（832~912，晚唐著名诗僧，兼工书画）："茶癖金铛快。"

唐，陆龟蒙（生卒年不详，唐代文学家，字鲁望，苏州吴县〔今属江苏〕人，曾为湖州、苏州从事幕僚）："先生嗜荈。"

文人嗜茶，一日不见茶心生尘，以自我期许品茶人，表达嗜茶成痴的境地。选择茶的清醒，保持人格的独立性，在日常生活的轻啜之间，追求愉悦的人生，并在诗歌中折射。

爱茶之心大告白（上）

杯后的文化意涵（下）

爱茶之心大告白

　　陆羽的《茶经》是为茶文化经典；宋代以后，自王公贵族到文人雅士，纷纷表白爱茶之心。点茶法之精在点水、击拂，从两道程序进入斗茶分胜负。当斗茶强调要茶汤面白起浮花，茶盏水无痕的要求时，也令斗茶者在一场场泛泛汤表后省思。

　　宋，徐铉（916～991，五代宋初文学家、书法家，字鼎臣，广陵〔今江苏扬州〕人）："爱甚真成癖。"

　　宋，欧阳修（1007～1072，北宋文学家、史学家，字永叔，号醉翁、六一居士，吉州吉水〔今属江西吉水县〕人）："吾年向老世味薄，所好未衰惟饮茶。"

　　宋，苏轼（1037～1101，北宋文学家、书画家，字子瞻，号东坡居士，眉州眉山〔今属四川〕人）："我癖良可赎。""年来病懒百不堪，未废饮食求芳甘。"

　　宋，文同（1018～1079，字与可，号笑笑先生，四川梓州永泰〔今四川盐亭县东北面〕人）："便觉新来癖，浑如陆季疵。"

　　宋，蔡襄（1012～1067，字君谟，兴化仙游〔今福建〕人，宋仁宗时进士，官至端明殿大学士）："衰

乐活平生爱煮茗（左）
引动品味的力量（右）

竹明志节

病万缘皆绝虑，甘香一味未忘情。"

宋，杨万里（1127～1206，南宋诗人，字廷秀，号诚斋,吉州吉水〔今江西吉水县〕人）："老夫平生爱煮茗。"

宋，陆游（1125～1210，南宋诗人、词人，字务观，号放翁，越州山阴〔今浙江绍兴〕人）："他年犹得作茶神。"

宋，郭祥正（1035～1113，北宋诗人，字公甫，号谢公山人，安徽合肥当涂人）："怜我酷嗜茶。"

宋，徐照（南宋诗人，字道晖，又字灵晖，永嘉人）："嗜茶因识谱。"

宋人的识茶与爱茗成痴，直言想当茶神，提出瀹茗之乐。宋代的点茶，当因击拂时茶汤所生白色汤花，黑色茶盏成为衬色。玩而赏之，表现了点茶的无限魅力。

赏其色，玩其形。二次元的赏器，可证唐时对茶碗自然清华、宋时朴拙精实的时代特色，而停驻在杯的概约形制。不对称的资讯中，得先正其名，才得玩其形。

茶杯的符号诠释

茶受文人的推崇热爱，专用茶杯出现，以"茶盏"为名。唐宋以后一直沿用至元代，盏、托原为二器合而为一。从历代传世品或是出土文物的再现，使得茶杯从昔日器物，足具带到现在的力量，引动赏析品味的力量。

历代茶杯称谓

称 谓	使用时代
茶珓	唐—宋
茶碗	唐—宋
茶瓯	唐—宋
茶盏	宋
茗珓	宋
茗盏	宋—元
茶瓯	宋
茶盅	明
茗盅	明—清
茶杯	清至今
茗杯	清至今

茶杯的名称背后，是美的开始。诗人的想象空间是对茶与杯的咏叹，而杯之美得靠文物符号来细细品味。

茶杯的符号诠释，得先明白构成符号中的符征、符旨。杯子的"符征"是其外在形式，亦即杯的外形：碗形、柱形……"符旨"是杯子本身构成的物质，像胎土、釉料等。

以假乱真的"乱码"

符征与符旨存在不稳定与任意的关系，常使符号指涉意义功能易于解构。例如，明代景德镇窑的鸡缸杯，传世品罕见，仿品在（符旨所构成的）胎土和青花釉下、五彩釉上的绘工几可乱真，而符征所最易表现出来的杯形亦复如是，那么只由此来判断而信以为真，这就是阅听人解码有误，这正是以假乱真的"乱码"。

解构杯器的符号出现乱码系伪制，再举曾为皇帝烧黑釉茶盏的内情。杯的外观易仿，建阳窑黑釉"供御"款茶盏被视为宋代官窑器高价售出，只是茶盏圈足底部落有"供御"款。事实有底款的圈足是窑址找到的残片，将圈足移花接木，成了有款识的黑釉"供御"款茶盏。

鸡缸杯

　　仿制品误导解码，指涉的是买卖双方的意念，而杯器自身呈现指涉背后的文化社会意涵，是赏杯美的开始。

金彩银彩的吉祥图案

　　以符号学分析杯器耐人寻味，符号能指涉人们共同记忆的关联性。如茶杯上，以竹节器形暗喻中国社会"无竹令人俗"的雅致；在思想的关联上，宋遇林亭窑址黑釉上金彩，或是银彩的吉祥图案，例如"福山寿海"正是中国人约定俗成、极为讨喜的用语。"吉祥""福寿"等符号载体，借杯器上符号化的关联，构成中国人讨吉利的共同心理结构。

茶杯符号学中,"相似"元素易使解读有落差。落"成化年制"的同款识青花杯,是真的成化年制?还是清三代仿成化年制?抑是现代仿的成化年制品?建立一套评量标准,才能解读"成化年制"的密码,正是在相似与相对中,找出对的答案。

正如杯中的金黄茶汤都叫高山茶,是阿里山高山茶?雾社高山茶?还是杉林溪高山茶?明辨茶区山头气,可品真味。茶杯的符号解决需要精研细品,才能解读断代的密码。杯器符号的密码,正是开启美的大门。

2章

[口沿]

肌肤的轻抚

赏杯之美，必取得杯与茶的联结性。并由此建构赏杯、品茗的二元相容。光赏杯自我玩味只是玩物，要以杯入茶才能感受万千潇洒，才能由轻巧杯的小趣小乐中，在平凡浅近间自得其乐。锤炼创造出精致细美香气，会畅达杯中茶汤滋味，才知『茶之为物至精』的精髓。这种精妙的体味，就由杯口沿的轻抚展开。

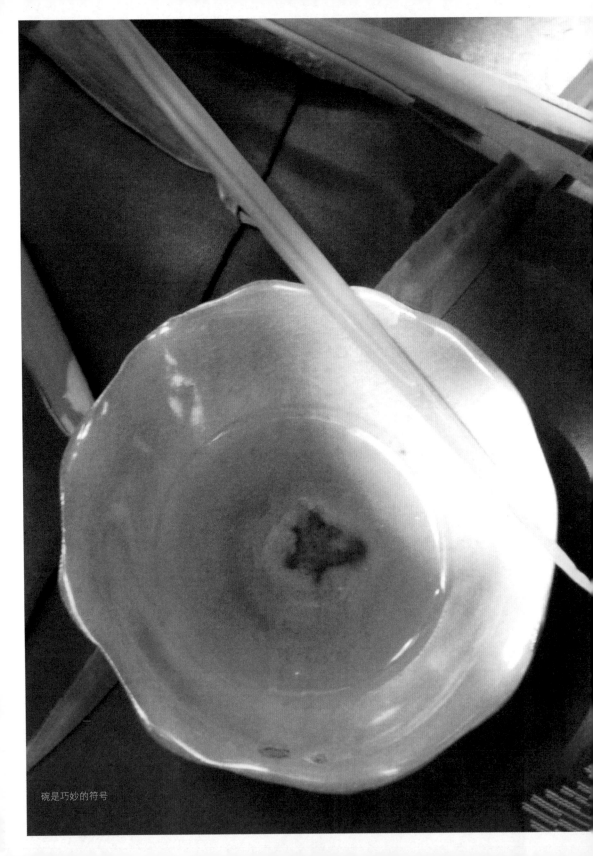

碗是巧妙的符号

唇齿凝聚滋味之际

品茶之细，由杯开始。同样泡好阿里山高山茶，注入不同茶杯，产生不同汤色滋味。现代生产的白瓷杯与清代德化白瓷杯，茶汤颜色、滋味、香气等尽露差异：明明同样是瓷杯，现代瓷杯茶香隐隐，味新流窜；清代德化白瓷杯香扬四溢，味浓韵深。细品同款茶，味久回甘，境遇大不同。杯子扮证人，鉴杯持玩，就在第一口唇齿与杯子口沿凝聚滋味之际，品茗人感动有几分？

肌肤与茶杯亲密接触，由微观见茶杯背后蕴含的磊磊大器，那么首先得抛开既成的拥器自重心态。先以"目鉴"为起点：以观感找出一只杯的造型、色彩、文饰、质感，感受其发散出来的韵味，引动知觉的联想，借助鉴定杯子的客观时代性，将历朝博雅文化熟练巧妙融入杯中，去领赏茶器文化，就此进入茗赏之境。

茗赏在肌肤轻抚杯器口沿中吟味，这时是醉心于杯？于茶？持瓯默吟之际，茗赏鉴器妙悟，必有妙法才能得实境。方法是：用眼看杯，用手抚摸。

看。用眼看杯：即视杯器的造型、色彩、纹饰等。可以由杯细部的口沿、圈足等微观来研判：如明代青花杯露胎不施釉，和清代青花杯通体满釉截然不同。"观"赏茶杯乃入大观之境，就可以尝茶看杯而不落入恶境。

微观见杯大器（上）
唇齿凝聚滋味（下）

目鉴抚触，拨云见日

以青花瓷杯为例，杯的口沿加有铜扣，口径6.2厘米，圈足直径2.7厘米，杯高4.2厘米，杯底有"宝珠利记"落款。类似的器物见香港茶具文物馆藏青花山水套杯连托碟，杯高3.5厘米，直径17.6厘米。杯身前景绘城门人物，旁有一楼阁，远处有两人策马过桥。杯口沿镶嵌铜边，杯底有"裕发金记"青花款。

两组青花杯眼见雷同符号：（1）口沿镶铜扣；（2）杯身绘青花；（3）落商号款。深探陶瓷外销史，上述特征系清代外销东南亚的贸易瓷。用眼看杯能把握几分？

赏器当心误入歧途

触。用手抚摸：用双手捧触宋代黑釉茶盏具有"重心"感。听——用手指轻敲杯器发出的声响，具有年代的器物多半呈现"木声"，声音较"闷"，现代制品多声音清脆。听声辨瓷是鉴定法之一，再加上识别茶盏上的釉光，就更实在了。

青花杯明鉴透光

一件到代（年份足够的）建阳窑黑釉茶盏，手触拿有重心感，外表看起来釉光呈七彩折射光。以杯身特质见真章，传世品外的出土茶盏，凡出土留下的沁斑或出水留下的藤壶与贝壳痕迹。

用手抚摸黑釉茶盏的重心感，与出土或出水的残留物，只是判断的起步。凡赏杯至此就下断言，常有误判，这是目鉴易触碰的模糊地带，且是误判的关键。

赏器误入歧途，常用"新鲜感""突然性""专注性""选择性"引起模糊认知，而误入暧昧地带，进而错置杯器时代，甚至将老胎二次烧的高仿品当作真品。为防患于未然，应拥有知性的赏器品茗源头，建立确实的认知脉络。以下就容易引起误判的心理因素分析如后：

新鲜感：王羲之（303～361，字逸少，号澹斋，原籍琅玡临沂〔今属山东〕，后迁居山阴〔今浙江绍兴〕，东晋书法家，有"书圣"之称）曾言："群范虽参差，适我无非新。"此诗隐喻了看到以往没见过的事物时，心生新鲜感。短暂的新奇刺激常会引人入迷阵，而误判杯器的真实性。

"若琛珍藏"款青花杯

"若琛珍藏"的解码

以"若琛珍藏"青花茶杯为例,自清朝一路制作至今日,杯底呈现不同青花纹饰,底款全部叫做"若琛珍藏"。一时之间只见新图案,又落同样的底款,就以为发现珍藏;事实上,清三代的"若琛珍藏"茶杯的青料、纹饰笔触与绘工都有其特殊风格,都不借由这些元素来判断所属年代。至于何杯是"若琛"这个人所制作的?就如同紫砂壶中的"孟臣"壶,惟靠出土参考年为依据,否则只能说一位叫做"若琛"("若深")的人做出来的青花杯。

那么第一次见"若琛珍藏"青花杯时的新鲜,必懂有法有鉴,而非受"若琛珍藏"而落入"款依器传"的迷障!青花釉色的差异性是断代上重要依据,必须仔细推敲比对,否则难登真实之堂!

突然性:判断茶杯的归属窑口或是断代问题。"开门见山"是由目视时将眼前一只杯的特征,经由目鉴入神韵与认知系统交叉比对、解释等,就可在瞬间作出判断。以宋代耀州窑划花茶盏,与同时代的龙泉窑茶盏来说,学不精就容易在判断时如见绿茶汤色就"茶好碧如苔",落入对青瓷窑口文学的想象,将汤色鲜如绿苔形容的

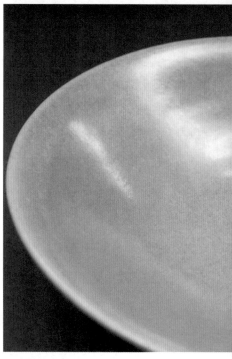

耀州窑划花茶盏(上)
幽成一片的诗色(下)

只是生机的情感，对青瓷窑口的细观则是实战经验的累积。以耀州窑与龙泉窑为例，色釉难辨，但在宋代龙泉窑器胎骨有黑胎、白胎，而耀州窑是灰胎，胎骨是初步辨识的重要依据。

以突然性看茶色、釉色，开门见山的比对，必筑基于品真茶和釉色，而非幽成一片的诗色。

专注性：茶杯的窑口或年份，以目视凝神观照可得真意乎？正如庄子（公元前 369～前 286，名周，字子休〔一说子沐〕，战国时代宋国蒙〔今安徽省蒙城县〕人）《达生》篇说："虽天地之大，万物之多，而唯蜩翼之知。"这是由专注中找到答案。今鉴器何尝莫非如此？以吉州窑为例，吉州窑利用地方剪纸的图案结合茶盏，成为该窑口产品的特色。专注看其胎骨的白灰色之外，专注在釉表的平整度若是太过精美，常是用旧盏二次烧的新盏。这是市场现象，若不慎思明辨，以为只要专注便可。若缺乏对吉州窑胎釉色的了解，"专注"只是混淆的起点！

吉州窑茶盏〔左〕
明德化杯〝象牙白〞〔右〕

视觉高度的选择性

选择性：目鉴时受限于视网膜与大脑的落差，在视觉高度的选择性上，常出现注意不同主体的差异，产生侧重性而有选择性判断，造成目鉴时准确性的高低影响。以明代德化杯为例，"糯米胎"再加上"婴儿红的胎骨特色"为其鉴识标准，但以此断代却忽略了同样年代的烧制品，釉药配方相同，受窑内烧成位置不同，造成窑变的胎骨釉色差异。用"婴儿红""猪油白""象牙白"等釉色来断代，便忽视了事实，而成为选择性的判断。

同样，独爱乌龙茶而从未接触普洱茶，就说普洱茶一定是发霉茶？同样地，独爱普洱茶就嫌弃乌龙茶汤味淡，不够浓郁？相对的选择不得真味。品鉴需静，若香是淡，能在疏香淡味中悠然有得。

针对新鲜感、突然性、专注性、选择性的心理问题外，避开主观臆测，建立目鉴者对某一件杯器在历史学、考古学、艺术学资料库的比对性，由美感发挥鉴赏杯器烧造年代与地点的境界。

品辨鉴赏杯的烧造年代，是对杯背后隐逸文化的透视。年代的命题，本就在客观表现中，给予置入时间年代的坐标中。

陶工凝结的表现力

烧造年代：烧造年代对古陶瓷研究者而言是重要命题。李辉柄（1933 年生于湖北，故宫博物院研究员）在《传统方法鉴定瓷器年代的科学性》中认为："明、清时期已形成以江西景德镇为全国的瓷器烧造中心，除少数地方窑外，绝大多数为景德镇的产品。所以明、清瓷器不存在产地的划分，而只是一个时代的鉴定。关于瓷器鉴定的年代依据，宋以前的瓷器与明、清以后的瓷器是不一样的。宋代以前瓷器的年代依据，主要是依据墓葬，特别是具有确凿纪年墓葬出土的瓷器，鉴定家把它作为断代的标准器。"在古物鉴定上断代必求真，才是美的基石，懂得观杯的"像"，就是洞悉"像"是杯的形制，是历经陶工凝结的表现力，釉与胎可仿，"像"的内蕴却仿不来！

目鉴存在盲点，不同的人，面对同样一只茶杯的断代就会出现不同解读。加上目鉴者本身的专业素养，论器的立场，都会牵动对杯器的诠释。

举例来说，解读者为了某些特定因素，刻意引经据典，指着仿品说"真"话。其说法的内容与史实无异，说的是专业行话；但是手上的杯器却完全背离真实。如此真假混淆，对于想以杯器作为美感养成的开始是无效的。认清茶杯是历史产物，每件杯器的时代烙印就是烧成的年代，考古出土文物的统计归纳，即是最佳参照的凭证。

以纪年墓室出土的宋代青白瓷茶盏系统为例：

"青白"盏最早出现于北宋治平元年（1064）成书的《茶录》："茶色白宜黑盏……其青白盏斗试家自不用。"这时青白盏虽不为斗茶行家所用，却普遍生产，成为宋代品茗流行用器。大陆已有十二个省区一百一十多座宋元纪年墓出土有青白瓷盏的记录。

宋代景德镇青白瓷的盏托，是具有明显发展规律的典型器物，将这些器物类型进行排比，发现其共存关系有助今人深度地鉴赏茶盏。

陶工凝结的表现力（上）
景德镇青白瓷茶盏（下）

青白瓷盏由简入繁

将景德镇宋元时期青白瓷（960~1067）分段说明如下：(注3)

第一段：属于前段，此时的器类较为简单，器形继承晚唐、五代风格，器足浅矮宽大，多仿金银器，作瓜棱或葵口式。

景德镇宋元时期青白瓷茶盏形制演变图

期别	年代		台盏		盅盏	托盏		
第一期 960~1067	建隆元年—治平四年	前段	1					
		后段	2			7		
第二期 1068~1127	熙宁元年—靖康二年	前段	3	5	7	9		
		后段	4	6	8	8	10	12
第三期 1128~1207	建炎元年 ——— 开禧三年					11		
第四期 1208~1277	嘉定元年 ——— 元至元十四年							
第五期 1278~1368	——— 至元十五年 ——— 元末							

(1) 江苏镇江谏壁北宋墓、(2) 江西南城陈氏六娘墓、(3) 安徽宿松吴正臣墓、(4) 江西铜鼓荣洵墓、(5) 浙江兰溪范惇墓、(6) 湖北英山宋墓、(7) 江苏镇江章岷墓、(8) 湖北麻城阎良佐墓、(9) 江苏镇江章岷墓、(10) 河北易县净觉寺塔地宫、(11) 江西景德镇汪澈墓、(12) 湖北麻城阎良佐墓

注3：景德镇宋元时期青白瓷茶盏表，《中国古陶瓷研究》第5辑，北京：紫禁城出版社，1999。

青瓷杯翠色悠悠

第二段：北宋中期。器身由矮浅向高深发展，碗壁由上至下渐厚，瓷器胎质细白而薄，釉层色泽如玉，晶莹润澈。装饰上出现了刻划花、印花、镂空及捏塑。

第三段：北宋中晚期青白瓷繁荣发展，器物造型挺拔秀丽。碗足很高，深腹，足底极厚，足成外"八"字。此时青白瓷胎洁白质密，细薄可透光，薄如蛋壳。釉色纯正温润，晶莹淡雅，质如青白玉。

第四段：徽宗、钦宗时期，碗类的圈足普遍降低，碗身变矮，弧度也相应延展，有敞口弧壁小底碗，侈口弧壁碗等，"斗笠碗"出现，敞口，斜直壁，小圈足，在人们饮用末茶的风俗中应运而生。茶托有高足及矮足之分，与之配套使用的便是斗笠碗。

第五段：南宋早中期。茶托很少见，碗以斗笠碗和敞口弧壁碗为主。在装烧工艺上，支圈覆烧法出现，采用覆烧法的碗、盘类高度降低，芒口、底部由于不再持重而变薄，碗、盘内心多采用印花装饰。

第六段：宋后期到元代早期。此时斗笠碗仍占多数。装烧工艺则是支圈覆烧法与渣饼支烧法并存。

以宋代景德镇青白瓷中茶盏的分期共生来看，盏及茗情，青白瓷是俭德潜藏的内蕴，这也正是发扬宋代以茶养素的精行。今人见景德镇窑青白瓷中湖田绿的单色所表现的清白素雅，足见何等茶德精义感染动容。年代问题以宋代青白瓷说明，而同时代黑釉茶盏的身世解密，有如解构茶的香味，依层依次显身影，并定位其烧造地点，才能轻择杯器的丰润。

建阳茶盏的黑洞

烧造地点：窑址的确认，有时会在历史偶然的错误中现身，借由出土实物比对，找到相对客观性，就像品茶认茶种、寻茶山的原点，必经田野调查、品茗记录的硬功夫，才能闻香辨茶，品味知茶。茶杯的烧造地点即窑址所在地。由于出土的翻新，改写以往既有的认知，作为由茶杯学美的历程，亦为必修课！黑釉茶盏的出名由东瀛传回中国，而其谜一样的身世满布神秘与巧合。

"天目碗"已成黑釉茶碗的代名词，诸多陶家制作黑釉茶盏冠上"天目碗"之名，而探究"天目"之名的由来，大抵认为，系日僧在宋代入中国学禅，至浙江天目山后取得茶盏，返日时并不清楚黑釉茶盏产自何处，便以取得的地名来称之。

"天目碗"实际指的是"黑色的釉""饮茶的碗"两种元素并存的概念。若将"黑色的釉"全称为"天目"，就容易产生混淆。就如同"天目碗"单指涉福建建阳窑盏一般，容易失去事实的本相。

学者赤沼多佳（日本三井纪念美术馆常任委员）

找寻茶盏的原乡（上）
残片吐露历史真相（下）

研究指出："16世纪的文献才出现建盏与天目碗的结合，如今日本看'天目曜变''建盏天目'，如是看建盏只是'天目'的一种。将黑釉茶碗统称'天目碗'是源自日本，受制于出土考古的资料不足，加上日本僧人或经由海路贸易运送到日，黑釉茶盏无法得知其确切的窑址应属合理。"

日本现存黑釉茶盏，不知出处何地，在经历田野发掘后，天目碗的原产地有了眉目。

探寻天目茶碗的出生地

据宋代蒋祈（南宋人，生卒年月不详，其著作是世界上最早记述瓷器生产专文）《陶记》记载："浙之东、西，器尚黄黑，出于湖田之窑者也。"这里所指的爱好使用"黄黑"之器的"浙之东、西"，即宋代的"东、西两浙"，按《宋史·地理志》，包括今浙江省全部和江苏省镇江、金坛、宜兴以东，以及上海市这一广大区域。日僧来华长驻学习的天目山、径山及他们返国之途，都在这个范围的中心地区。因此，僧人带回黑釉茶盏就地名取"天目茶盏"。但来自田野的新发现，就连景德镇也出"天目"茶盏，更惊喜的是浙江天目山也真正产制"天目茶碗"。

1955年，江西景德镇湖田古窑发现"天目"窑具。此窑具为圆饼状，两面稍凹，瓷质，系支圈组合式覆烧窑具之上盖。其上径12.2厘米，下径15.7厘米，高3厘米，在盖面之正中刻"天目"两个大字，此二字右侧靠边沿处刻有"一月"两个小字。上述字迹均

形、胎、釉和烧结的因子

随杯走入美的历程

清晰无误。按伴出的覆烧窑具支圈残器厚度测算，它当为装烧直径约14厘米的碗盏而使用的。

为何景德镇窑口出现"天目"茶碗窑具？景德镇陶瓷学院的欧阳世彬写《"天目"新考》中提到："刻有'天目'铭的覆烧窑具，出现在湖田窑宋元间的窑业遗物堆积中不是偶然的，它是当时在此普遍采用覆烧工艺烧制黄黑釉器物的必然产物。从支圈组合式覆烧窑具所装烧的器物一般为碗类的情况看，此覆烧窑具上刻的'天目'一词，所标示的是口径不一的'黄黑釉碗'。"

"天目茶碗"的指涉，以黑釉茶碗均可称之，而在浙江天目山窑址，1982 年杭州市文物考古研究所人员在临安县凌口乡发现天目窑址，其分布遍及附近的磨石岭、俞家山和碗窑湾窑等地，而这真是天目茶碗的真正出生地吗？

形、胎、釉和烧结的因子

天目山之所以能产生"天目茶碗"，当地的地理环境则是酝酿功臣。《饮天目山茶寄元居士晟》诗："喜见幽人会，初开野客茶。日成东井叶，露采北山芽。文次香偏胜，寒泉味转佳。投铛涌作沫，着椀聚生花。稍与禅径近，聊将睡纲赊。

知君在天目，此意日无涯。"

诗中描述此间品茗尚茶的风行，加上当地有丰富的烧制天目碗的陶土和柴火，以及建立龙窑的条件，足以生产黑釉茶盏来满足社会之需，以及外贸的要求。由于天目山地区古窑出产黑釉茶盏，才是按产地之名而称"天目黑釉茶盏"，而今日概约性以黑釉茶盏而称"天目茶盏"或"天目茶碗"均不合宜。这也如同当时吉州窑生产黑釉茶盏一样，只单靠盏釉色就冠上"天目茶盏"的称谓，并不合实情。

景德镇的宋青白瓷茶盏和建阳窑黑釉茶盏，经过考古论证分析，让人了解由盏口沿可轻抚它们背后宽大的历史底蕴。除了出土资料，鉴赏杯器的知性入径，乃是由杯子的造型、纹饰、烧造方法、胎土、釉药、款识等作为断定年代与窑口的依据。他们之间按时代不同，各显特色，亦相互约制。

形、胎、釉和烧结的因子，杯在窑火中烧结，在陶工手中细细捏制，在持有者眼中品味，相互通达，互为引动，在每一次肌肤的轻抚中，走入美的历程。

杯形：杯的造型具有不同的时代特征。什么时代有什么样的造型；一类器物什么时候开始出现的，什么时间消失的，以及它在其间经历了什么样的变化过程，往往是我们鉴定时代的一种可靠的方法。专业评鉴者归结其经验，事实上在赏杯时亦复如此。

以唐代青瓷或白瓷窑系来说，所生产的茶碗均具有一定造型，在圈足出现了玉璧足的特征。同时碗形敞口、斜腹等，都是很明显的分辨特征。

胎土：杯器的产地、窑口，系以当地制瓷原料为胎土母体，同样是黑釉茶盏，同为宋时期的北方耀州窑用的是香灰胎，临汝窑用的土胎，建阳窑则是含铁量高的黑色胎，吉州窑的胎土则较为松透。不同窑口烧制的黑釉茶盏是最好的说明与展示。

玉璧足

釉药：区分不同时代和窑口的釉药是鉴定的基本要素。釉色呈现看似白釉，定窑易现泪滴，德化窑则没有，景德镇瓷中带有湖田绿的釉色，是重要的判断依据。窑口的特色更加具有时代区隔，看似复杂，却也是拨云见日的学习过程。

烧结：指的是窑口使用的烧造方法，会导致杯器留下既定的工艺技术痕迹。例如，隧道窑烧成的制品和燃气窑烧制的成品还原程度不同，造成烧结成形的差异，就连同一窑口内放置相同的胎土、釉药烧造出来的器物，也会跟着温度变化而出现不同效果。有的窑变茶盏在烧结入窑时，就连古代窑工都无法掌握，这是杯器烧结时的变数。元代青花"釉里红"的烧结温度差异，成为"釉里红"的效果能否会出现的关键。若是成功，则让釉下红色现身；失败的，釉里红将呈现青黑、紫红等色调。

茶与杯共生互融

理性、客观地分析各窑系瓷器的釉药成分，有助今人在使用杯器时，从相对客观的比对与比较中，找到釉药和茶汤的微妙变化，并可发现瓷杯中釉药使用的差异。例如在茶汤色与香味的表现，进而调理出适合不同茶种的杯器，以增添茶、器共生互融的乐趣。

四大变因，成为断定真伪的依据，更借由杯器在历史价值、艺术价值的两大场域中，去找寻盏、瓯、碗、杯等不同称谓，在各朝历代品茗风华中的光和热。

茶杯，美的开始，就在口沿接触的轻抚中登场。

3章

[杯形]

蹿升的香气

品茗论杯，概以时代品茗方式为轴，佐以传世或出土实物，探茶杯形状各式，可谓形式多样，名目多变。那一款杯形品茗时蹿升香气？舌底朝朝茶味，眼前处处诗题时，正是静思诗情有缘。杯器何形，才能若白居易的『或饮茶一盏』？『或吟诗一章』？

历代茶杯称谓不同

    茶杯，历代有各种叫法，每一种称呼都体现着茶杯是用来满足历代不同品茗之用。无论是啜饮一小口或是解渴式的大口喝茶，都关乎茶杯的形态。而品茗者在意杯形敞开？抑或是杯形束腹？何者聚香？

    茶杯的各种名称，其实和它的材质、形制、制程、装饰等变因息息相关，也因为生产窑口的不同而产生种种变化与样貌，而哪一种注茶品茗时会使茶更显香醇，都得由变数中抽丝剥茧：是茶催化诗兴下的茶味？抑或是茶器渗透茶汤揭起的兴奋引动深远悠香？

    茶杯拥有琖、盏、瓯……不同的称谓，牵引着不同时代的用法，与自我表情的释放。茶杯是一种美的意识表现，从杯的形制、外观来看，茶杯的表情伴随各式单色釉的呈现，分布各地窑口烧制而成，形式虽多却脱不了基本的布局。(注4)

    茶碗中见宇宙，一件唐代越窑青瓷茶碗，披着"益茶色"的釉光，闪耀了千年不坠的青色，再也无人可及其"夺得千峰翠色来"的美誉，尽管今人品茗不再以青瓷为上，青瓷的"宝光"却在岁月流转里，留下璀璨不坠的光彩。

茶盏部位名称

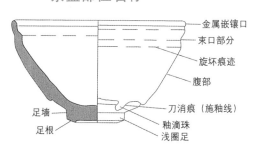

金属嵌镶口
束口部分
旋坯痕迹
腹部
刀消痕（施釉线）
釉滴珠
足墙
足根
浅圈足

注4：茶盏部位名称，叶文程、林忠干，《建窑瓷鉴宝与鉴赏》，江西：江西美术出版社，2000。

    唐代煮茶法盛行时使用的茶杯，当时形制又以玉璧足碗为主。由唐诗亦见"瓯"与"盏"的通用。唐陆龟蒙《奉和袭美茶具十咏·茶瓯》："昔人谢坺埏，徒为妍词饰。岂如圭璧姿，又有烟岚色。光参筠席上，韵雅金罍侧。直使于阗君，从来未尝试。"

历代茶杯称谓不同（左页）
引动深远幽香（右）

口唇不卷·底卷而浅

陆龟蒙笔下如圭璧姿佑有烟岚色，指的是当时已经被陆羽定出的第一茶碗——越窑碗："碗，越州上，鼎州次，婺州次；岳州上，寿州、洪州次。或者以邢州处越州上，殊为不然。若邢瓷类银，越瓷类玉，邢不如越，一也；若邢瓷类雪，则越瓷类冰，邢不如越二也；邢瓷白而茶色丹，越瓷青而茶色绿，邢不如越三也。"

陆羽列出茶碗排行榜，所持的理由是不同釉色使茶汤呈现出的色度差异，但并未说明茶碗的形制，却引《荈赋》记录说明越窑碗"口唇不卷，底卷而浅……"

陆羽引用晋杜育（字方叔，襄城邓陵人）《荈赋》："所谓器泽陶简，出自东隅。"同时陆羽视东隅为东瓯，即越窑系青瓷茶盏，因此陆羽在《茶经·四之器》中说："瓯越也。瓯，越州上，口唇不卷，底卷而浅，受半升已下。越州瓷、岳瓷皆青，青则益茶，茶作白红之色。邢州瓷白，茶色红。寿州瓷黄，茶色紫。洪州瓷褐，茶色黑，悉不宜茶。"上述说明每茶瓯容量不超过"半升"，这也正留下茶碗的容量参考值。

唐代生产茶碗著名的窑口，除了越州（今浙江绍兴）所产茶碗最好，鼎州（今陕西泾阳）、婺州（今浙江金华）、岳州（今湖南岳阳）、寿州（今安徽寿县）、洪州（今江西南昌）也生产茶碗，因窑口胎土釉色不同，在杯形外观上呈现多元的面貌。

由杯看宇宙

白瓷旋坯工艺精细

越窑在南方，邢窑在北方，分率周遭窑系引动青瓷与白瓷二分天下的格局。相对应产制玉璧足茶碗，也共推玉璧足形制而成为唐代最流行的碗形。以下就"南青北白"双赢局面加以说明。

白瓷茶碗，产于河北的邢窑，早在唐代就以"类银""类雪"的白瓷闻名于世，并影响后来在曲阳定窑烧制的茶碗。定窑模仿邢窑造型：玉璧足碗，器身小巧，器壁斜直，口沿常常做成宽窄不等的唇口。有的是在坯体拉制成形后，趁着胎体未干将器口向外翻折，卷成唇口，有的则是在旋坯时直接在口沿处将唇口旋出，实心唇口。定窑仿邢窑的造型，而邢窑的表现又如何呢？

邢窑生产的玉璧足碗胎体厚薄适中，造型稳重大方，旋坯工艺极其精细。茶杯形式在唐代有美丽注脚，又因陆羽的评鉴绝唱，使后人得晓玉璧足浅腹，侈口形制最宜品用煮茶。而这种以双手捧赏品茗的形制，更深深影响宋代点茶法用的茶盏。玉璧足碗以外，大唐盛风带来的文化交流，造就茶盏的多样化。唐朝出土杯器中，竟有类似今日流行于欧美地区的敞口红茶杯。

唐代流行饮用末茶，品饮有一套固定的程序和用具，茶盏与盏托用来饮茶。唐代输入中国的金银器中，带把银杯是粟特文化的典型作品。粟特金银器称"粟特式"，粟特区域主要在中亚地区今塔吉克斯坦和乌兹别克斯坦境内。

粟特式杯体多为八棱形或圆形，撇口，束腰，下腹与底相交处处理成硬折棱，上腹安有带指

盏托精巧大方（上）
白瓷类银（下）

垫的环形把手，杯体线条曲直相间，精巧大方，充满异国风情。

把手杯的异国风情

浙江临安县水邱氏墓出土的白釉带盏托把杯，杯身撇口，深腹，圈足，属于典型唐代深腹碗的造型。上腹部的环形把手显然是模仿粟特银把杯，但把手雕塑成龙形，指垫则作成如意形，巧妙地将东西文化融合。

穿越东西文化混种交流，唐时白瓷柄杯，跳离盏托两件一组的形制，单柄持杯同享品茗之乐，而蹿升的茶香在单手双手或持茶碗，敛口、敞口不同杯形时，空间交错时间演出茶汤美的脱俗，跃升成为盛唐辉煌焦点。

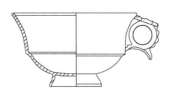

越州茶碗益茶（上）
把手杯的异国风情（中）
白釉带盏托把杯（下左）
粟特银把杯描线图（下右）
十二厘米的约定（右页）

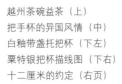

其他窑口仿制黑盏

宋代盛行点茶法时，盏、琖、瓯直指形制口径 10～12 厘米的茶器，采同一形制制盏的窑口烧制风盛，概因点茶是当时的全民运动，其间福建建阳窑黑釉茶盏受到朝廷列为"供御"之用，这也使其他窑口仿制黑釉茶盏。

宋代茶盏分三样式。刘良佑著《建阳窑黑瓷茶碗的鉴定》文中指出：第一种即打茶用的盏子，底圆小而壁斜，俗称"斗笠碗"。第二种是"点茶碗"，碗口有唇，壁微凸出而内底有一平整的圆形面，圈足低平，圈足与碗相连接之外壁上处，有一圈切线。第三种是"点茶小碗"，直口圆壁、圆底，外足低平，是一般直接就口的点茶用碗。到了南宋晚期和元代，一种以斗笠碗和点茶碗合一的碗形出现了，它的唇口和底面像点茶碗，但碗壁平直斜出，则和斗笠碗相似，是一种结合打茶和点茶两种用途的茶具，称为"盏形碗"。事实上，上述所称的碗就是盏，"斗笠碗"与"点茶碗"功能用途都是为了服务点茶，宋代"打茶"即是点茶中的击拂，都是"点茶"活动的一部分。因此，茶盏的形制或因陶工或窑址不同有所差异，但功能是一样的，都是用来点茶之用。

十二厘米的约定

　　茶盏的形制分类是个概约性的分法，就如同有人主张直径 12 厘米的宋代茶盏最为标准，其实每一个茶盏都是纯手工制作，要使它的直径统一且成为一种标准，实在牵强，也违背手工制作的合理性。（注5）

　　束口碗：以中形器居多，《大观茶论》说：盏"底必差深而微宽。底深则茶宜立而易于取乳。宽则运筅旋彻不碍击拂。然须度茶之多少，用盏之大小。盏高茶少则掩蔽茶色，茶多盏小则受汤不尽。"

　　《茶录》记载：茶与汤要适量。一个茶盏茶末用量是一钱七，汤水是四分盏。《清异录》说："一瓯之茗，多不二钱，若盏量合宜，下汤不过六分。"

　　敛口碗：以小形器居多，适合从大中形束口碗中倒出茶汤以酌饮，口沿内敛，适宜口唇细嚼慢品。敞口碗与侈口碗，腹壁斜直或外翻，时称之"撇"，又叫汤盏。明代曹昭（元末明初人，字明仲，松江人）《新增格古要论》说："古人吃茶俱用撇，取其易于不留渣。"敞口碗、撇口碗便于倾倒汤渣。

　　建阳窑黑釉茶盏形制多样，具功能性，其间各地名窑形制雷同，就窑取材烧成各式茶盏，以满足品茗供器。

　　品茗风气盛，茶器使用自然多了起来。当时茶碗以青釉、白釉为两大主流。唐代生产白釉碗的瓷窑，据文献记载有河北定窑、四川大邑窑、河南巩县窑、河北曲阳

建阳窑典型黑釉瓷器

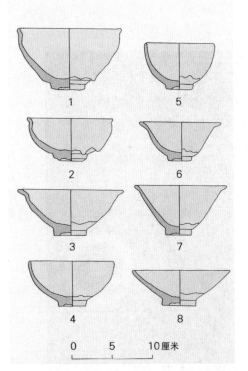

1

5

2

6

3

7

4

8

0　　5　　10厘米

注5：建阳窑典型黑釉瓷器，叶文程、林忠干，《建窑瓷鉴定与鉴赏》，江西：江西美术出版社，2000。

1.束口碗　2.束口碗　3.束口碗
4.敛口碗　5.敛口碗　6.撇口碗
7.撇口碗　8.敞口碗

茶碗是茶席的主角

窑（定窑前身）和江西景德镇胜梅亭窑。出产青釉碗的除了《茶经》提及的越州、鼎州、婺州、岳州、寿州、洪州外，还有湖南长沙、陕西铜川、四川邛崃、广东潮州、福建同安、浙江温州和江西景德镇等窑。

包镶金银棱扣

窑口的出土实物加上文献中的记录，一定程度说明了茶碗的通用性与普遍性。唐李肇（唐代文学家，生平不详，唐宪宗元和时期任左司郎中）《国史补》说："凡货贿之物，侈于用者不可胜记。丝布为衣，麻布为囊，毡帽为盖，革皮为带，内丘白瓷瓯、端溪紫石砚，天下无贵贱通用之。"

定窑在北宋到金代的全盛时期，碗类中最常见的是一种侈口、小底的斗笠式碗。这种碗在宋代十分流行，江西景德镇生产的青白瓷、陕西铜川生产的青釉瓷、河南临汝生产的青釉瓷中都有大量的斗笠式碗。定窑斗笠碗的胎体轻薄，造型秀巧，尺寸较标准化，有些斗笠碗的口沿做成"六出葵口"，传世品中口部包镶金银棱扣，乃是定窑烧制有"芒口"，为了实用美观，"扣"上金银反成特色，这种金扣银扣亦在黑釉茶盏中使用。

尽管器形风靡大宋名窑，但在进行斗茶时以黑釉茶盏最为好用。

胎土以拉坯为主，且盏壁上会留下两道折口，分别是接近圈足处与口沿处各有一个折口，因为黑釉茶盏必须以挂釉的方式制作，这两道折口就是用来挡住黑釉的流动。宋代陶工的巧思，正是今日我们看到黑釉茶盏的外壁，在接近圈足之处会有流釉（俗称泪滴）现象的由来。

茶碗带来视觉的愉悦（左页）
黑釉银饰夺光彩（上）
茶盏包镶棱扣（中）
褐釉白边扣（下）

巧妙的记号

　　黑釉茶盏这两道折口像是点茶时做的巧妙的记号，是点茶者在点茶过程中的重要参考。接近圈足的第一道折口，暗示点茶者在置入茶末时茶量的多少，注水之后并用竹筅做第一道调膏的动作。所谓调膏，就是将茶末与水调合成膏状，此时茶末与水的用量恰如其分，茶盏的折口作为把关标准，调和出的茶膏不能超过第一道折口。

　　至于注水以后再以竹筅击拂，宋徽宗的《大观茶论》中提到注水程序。那么，第二道折口就是注水的最高临界点。若水量和击拂恰到好处，那么茶盏上的汤花就会"乳雾汹涌"，这第二道折口就是品茶者最好的注水参考刻度。因为点茶注汤，只注到盏容量的十分之六，考古工作者实测证明，离盏口最近的折口正好是盏容量四比六时的临界线。

　　点茶时置茶量与水量必须有一定比例，茶量过多会使茶汤过浓不爽口，过量的水会稀释茶的浓度，难以击出汤花。因此，折口方便点茶者的操作，在茶盏中注入六分的水，留下四分的空间，是点茶的最佳搭配。

　　黑釉茶盏的形制朴拙简约，同时期的名窑茶器表现多见莲瓣纹茶器，正是品茶人自喻为君子的最佳心情写照。

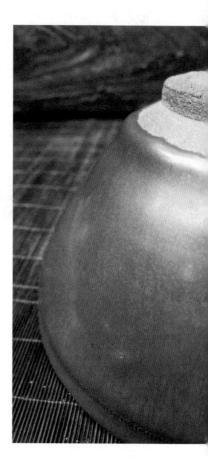

盏壁上两道折口（上）
银杯纹饰精美（右页中）
定窑刻花精美（右页下）

莲瓣纹浮雕效果

到了北宋，茶盏上的莲瓣纹成为各窑口喜爱选用的图案，这也常见于唐宋的金银器纹饰。在越窑与定窑茶碗中更见接近的风格，三件实物可做说明：河北静志寺塔基出土的两件白釉刻花莲瓣纹碗，碗外壁刻有宽大肥厚的莲瓣纹，莲瓣纹保持浮雕效果，这种风格、技法与苏州虎丘云岩寺塔出土的越窑刻花莲瓣纹盏托完全一样。模仿金银器的造型与纹饰是唐宋各大窑场共同的特点，但各个窑场之间相互学习、模仿也是非常普遍的现象。

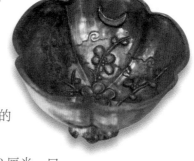

北宋白釉"官"字款刻花莲瓣纹碗（上图），高 8.3 厘米，口径 19.5 厘米。侈口，深腹，腹壁弧线向内斜收，圈足。碗外壁雕刻双层仰莲，莲瓣肥厚圆润，具有浅浮雕效果，侧视犹如一朵盛开的莲花。

北宋白釉"孟"字款刻花莲瓣纹碗(上图),高 7.4 厘米,口径 22 厘米。直口微敛,斜腹,圈足,碗外壁雕刻三层仰莲,莲瓣肥厚圆润,颇具立体感。胎体洁白,釉质莹润。

1969 年河北定县静志寺塔基出土,定州博物馆藏。

五代至北宋早期越窑刻花莲瓣纹盏托(下图),通高 13.1 厘米,口径 13.9 厘米。1957 年江苏苏州市虎丘云岩寺塔出土,苏州市博物馆藏。

明德化杯与万历彩

杯形因品茗方式改变而变异,宋元品团茶,到了明以后废团茶改饮散茶时,茶器中的杯子有的称"盅",有的叫"杯",陶器、瓷器、玉器、金银器皆可成杯。

另在杯形上分成碗形、铃形、端反。同时在烧结完成后,因使用的釉彩而生白瓷(以明德化瓷为代表)、彩绘瓷(明万历彩为代表)等。茶盅与茶杯皆指品茗器,惟口径大小之分有了区别,茶盅口径 10 至 12 厘米仍闪透着茶盏的余韵。茶杯则口径不及盅的一半,甚至只有三分之一。

明以后茶盅或茶杯有专门烧制的官窑,引动茶杯审美观念的变动:有的喜爱单色釉,有的则以青花器为上,又有人爱五彩绘的多重色彩。

官窑杯器,形制婉约,纹饰精美,赏玩功能大于实用。文人雅士品茶吟诗,却

见怀想单色青瓷，杯形遽变，赏其色玩味包含着文人的人生观。金农（1687～1764，字寿门，号冬心，又号稽留山民，浙江杭州人）《君山茶片奉答四首》："八饼何须琢月轮，不如细啜越瓷新。漫忧销耗通宵醒，元是秋堂少睡人。"金农独爱越瓷，而袁枚（1716～1797，清代诗人，字子才，号简斋，别号随园老人）在《试茶》中说："道人作色夸茶好，瓷壶袖出弹丸小。一杯啜尽一杯添，笑煞饮人如饮鸟。"袁枚试茶以小瓷杯啜品，而阮元（1764～1849，字伯元）却在《试雁荡山茶》中说："嫩晴时候焙茶天，细展青旗浸沸泉。十里午风添暖渴，一瓯春色斗清圆。最宜蔬笋香厨后，况是松篁翠石前。寄语当年汤玉茗，我来也愿种茶田。"

一瓯春色斗清圆，没有交代茶杯的材质，却说品茗最宜松竹交翠胜景中，在优美山中种茶品茶，杯器似已融入自然了！

到了清代，茶杯上的图案绘制也注入故事、诗文及动植物图案，以致花纹的表现技法、笔触更联结了瓷器与绘画的亲密关系。而在杯形的容量则转趋口小、量少的小口小啜杯器，以碗、盏称谓，口径12厘米左右，茶杯之器口径则不及

丰富的品茗色彩（上）
茶杯激香（下）

注6：日本茶碗形状分类，矢部良明，《茶の汤の美术》，东京：东京美术株式会社，2002。

三分之一，杯形的叫法在西方瓷器有品牌的称谓，而素有品茗王国的中国却不若古人，简化成为大、小杯，高、低杯的空洞抽象之中，而日本茶道中的碗形状，其实模仿自中国历代杯器。（注6）而今在东方品茗蹿升的香气，正在撩起失去的娇媚形状。

日本茶碗形状分类

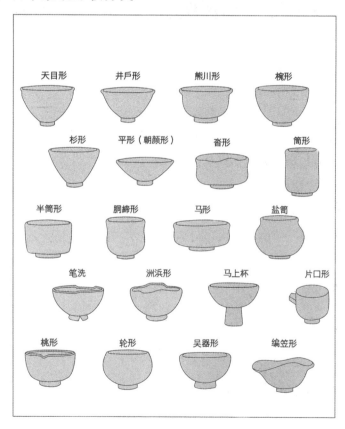

4章

［胎土］
凝结的滋味

茶杯胎土，使用不同材质，制成各式厚薄、不同形制的杯子，对品茗的实际使用上，产生了关键性的影响。

识瓷先识胎

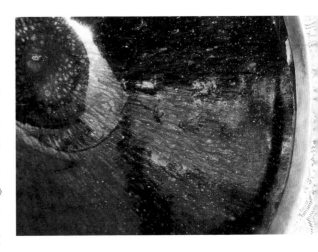

茶香浓重而浊，或茶香自然真香，除了与茶质本身有关，用壶与用杯皆有影响。用对壶，是泡对茶的基础。若用到不宜之杯，易使香浓浊而鼻麻木；用对杯，则香清且轻，爽人心脾。

识瓷先识胎，若《饮流斋说瓷》中提到辨识瓷的美恶必先辨胎，十分中肯，这也是今人学习辨杯的基本功："欲识胎之美恶，必先辨胎。胎有数种：有瓷胎，有浆胎，有缸胎，有石胎，有铁胎。'瓷胎'者，碾石为粉，研之使细，以成胚胎者也，凡普通之瓷器均属之。'浆胎'者，撷瓷粉之精粹，澄之使清，融成泥浆，以成胚胎，凡极轻而薄之器属之。'缸胎'亦名'瓦胎'，谓胎质粗如瓦器也，凡凝重粗厚之器属之。'石胎'非真石也，质凝重而坚，略似大理石琢成之器物焉，康熙有'石胎三彩'是已。'铁胎'非真铁也，磁质近墨，有如铁色，其胎之厚薄轻重亦不一致也"。

胎有瓷胎、浆胎、缸胎、石胎、铁胎……分别用不同胎土制成的杯器，所凝结的滋味各富饶趣。

"瓷胎"用的是高岭土，先经碾粉再研成为坯胎，一般瓷杯属之。"浆胎"则是"撷瓷物之精粹，澄之使清，融成泥浆"以成坯胎，专做成轻薄之杯器。

听声辨胎（上）
胎土影响杯器（下）
识瓷美恶，必先辨胎（左页）

听声辨胎

　　"缸胎"意指胎质地粗犷像瓦器，此类杯器粗厚凝重。"石胎"质地凝重且坚，若石材一样坚硬。"铁胎"瓷质有若铁色，胎的厚薄轻重不一。

　　瓷杯的胎土，可以用最简便的听音方式来区别：浆胎质轻而松，缸胎质轻而坚，瓷胎音清而脆。常常接触实物之人，可以叩其声而知瓷杯是属于哪种瓷质，再辨识由哪种胎土制成。

　　依据文献提供的鉴识美瓷方法，加上今人藏瓷的经验法则，同时还有科学的辨证，才能知道杯器的出身。有了身份证明，才能根据窑口所用的胎土与实物杯器做对照，如是建构的扎实的功夫，目鉴胎土堂奥，既可养眼赏器，又滋润目鉴之功力！

　　胎土决定了杯器一生。举例而言，同样烧制黑釉茶盏，外表黑釉发色接近，惟建阳窑、遇林窑或吉州窑三处所产黑釉茶盏胎土互异。对建阳窑的残片的化学分析，即利用废窑址取出的残片作胎土分析，为被日本视为珍宝的油滴天目碗找到原乡，同时也解开了茶碗胎土结构的组成。

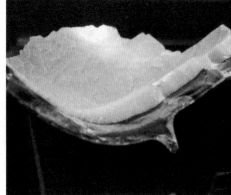

以福建省建窑窑址中发现与日本大阪市东洋陶瓷馆的油滴天目碗相似的残片为分析样本，结果惊人，使分离千年的茶碗中的宇宙有了归结，停驻在化学的理智上。

残片的蛛丝马迹

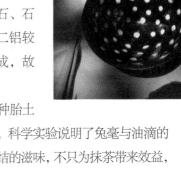

对残片的化学分析说明了建盏中的油滴形成过程：两者的胎土结构大致相同，都是以粗粒石英为主要成分。建盏胎采取的原料结构大致固定，矿物成分包括莫来石、石英、方石英及铁的氧化物，胎土的配方是含三氧化二铝较高、更为耐火的红土与另一种可塑性较高的软泥合成，故有"乌泥""紫泥"之称。（注7）

在建窑中，无论是兔毫或是油滴，用的都是同一种胎土配方，若光凭釉色的变化来定窑址，恐怕欠缺说服力。科学实验说明了兔毫与油滴的形成，是釉药流动时因火山作用所致。厚胎的黑釉，凝结的滋味，不只为抹茶带来效益，更引来歌咏的赞叹！

建盏胎与釉的化学组成分析

化学成分	SiO_2	Al_2O_3	CaO	Fe_2O_3	K_2O	MgO	P_2O_5	TiO_2	MnO	Na_2O
釉中所占百分比	60–63	18–19	5–8	5–8	3	2	>1	0.5–0.9	0.5–0.8	0.1
胎中所占百分比	62–68	21–25	<0.2	7–10	2.7	0.4–0.5		1–1.6		<0.12

注7：建盏胎与釉的化学组成分析，叶文程、林忠干，
《建窑瓷鉴定与鉴赏》，江西：江西美术出版社，2000。

青瓷品滋味（左页上）
养眼赏器，滋润目鉴（左页下左）
残片是研究的要角（左页下右）
茶盏的一期一会（上）

黑盏中的绿波

宋代饮茶多用盏。关于黑色茶盏益茶的优势,蔡襄在《北苑十咏》的《试茶》中写:"兔毫紫瓯新,蟹眼清泉煮。雪冻作成花,云闭未垂缕。愿尔池中波,去作人间雨。"蔡襄在《茶录》里对建盏赞誉有加,尤指建盏保温对点茶有帮助:"茶盏,茶色白,宜黑盏,建安(即建宁、建瓯)所造者绀、纹如兔毫,其坯甚厚,爝之久热难发,最为要用,出他处者,或薄或色紫,皆不及也。其白盏,斗试家自不用。"这里指出点茶用建盏的优势,胎土功不可没,坯甚厚与含铁量高,形成保温的效果!

胎土成就茶盏保温,直接勾出茶香,使用茶盏前的温杯动作,告解了胎土凝结茶滋味的机能考量。茶盏益茶,便是因眼前的胎土。黑釉茶盏也引来更多品用者的赞叹。

范仲淹、梅尧臣、欧阳修、陈襄、苏轼、毛滂、黄庭坚、惠洪、惠空、陆游、杨万里、魏了翁、葛长庚等多人品茶,诗颂传世……(注8)

两宋诗人品茶味重审美,是"风韵",是传茶的美感,是一种具象品茶表达法。蔡襄《茶录》记录:"候汤最难,未熟则末浮,过熟则茶沉。"煮茶如见蟹眼,汤就过熟了,如果汤的温度适中,点上茶末,就有光泽,像白雪,茶也不会垂缕下沉,小龙团茶水色青绿,看上去像池中绿波。

蔡襄眼中的小龙团茶色青绿,看上去像池中绿波,这种说法是点茶过程中在未击拂前的现象,亦指"汤花"未现时的茶汤色。蔡襄明确观察,说明了汤色与汤花颜色不同,而想要在点茶中将绿色茶汤击出乳白要下功夫,也要靠原胎茶盏保温,才能促成茶汤泛起汤花。

注8:两宋有关建窑黑釉茶盏诗词,刘涛,
《宋辽金纪年瓷器》,北京:文物出版社,2004。

茶盏中的绿波

两宋有关建窑黑釉茶盏诗词

诗人	词句	出处
范仲淹（989~1052，苏州吴县〔今江苏苏州〕人）	黄金碾畔绿尘飞，紫玉瓯心雪涛起	《全宋诗》《和章岷从事斗茶歌》
梅尧臣（1002~1060，宣城〔今属安徽〕人）	小石冷泉留早味，紫泥新品泛春华	《全宋诗》《依韵和杜相公谢蔡君谟寄茶》
	兔毛紫盏自相称，清泉不必求虾蟆	《全宋诗》《宛陵诗钞》《次韵和永以尝新茶杂言》
欧阳修（1007~1072，庐陵〔今江西吉安〕人）	喜共紫瓯吟且酌，羡君潇洒有余清	《宋诗钞》《欧阳文忠诗》《和梅公仪尝茶》
陈襄（1017~1080，福州侯官〔今福建福州〕人）	泛之百花如粉乳，乍见紫面生光华	《全宋诗》《和东玉少卿谢春卿防御新茗》
	绿绢封来深上印，紫瓯浮出社前花	《全宋诗》《和东玉少卿谢春卿防御新茗》
苏轼（1037~1101，眉山〔今属四川〕人）	道人晓出南屏山，来试点茶三昧手。忽惊午盏兔毛斑，打作春瓮鹅儿酒。	《全宋诗》《送南屏谦师》
黄庭坚（1045~1105，分宁〔今江西修水〕人）	明窗倾紫盏，色味两奇绝	《全宋诗钞》《山谷诗钞》《和答梅子明王扬休点密云龙》
	玉毫瓯中霜月色，照公问路广寒宫	《全宋诗》《信中远来相访且致今夕新茗又枉诗句适舍弟佳酿复至因上尊次前韵兼呈任道》
	香泉溅乳，金乳鹧鸪斑	《全宋词》《满庭芳》
毛滂（生卒年不详，宋哲宗元祐中苏轼守杭州，滂为法曹）	兔褐金丝宝碗，松风蟹眼新汤	《全宋词》《西江月·茶》
秦观（1049~1100，高邮〔今属江苏〕人）	松风转蟹眼，乳花明兔毛	《宋诗钞》《送茶宋大坚》
	建安瓮碗鹧鸪斑，谷帘水与月共色	《全宋诗》《游惠山》
	轻淘起，香生玉尘，雪溅紫瓯圆	《全宋词》《满庭芳·茶词》
惠洪（1071~1128，筠州新昌〔今江西宜丰〕人）	盏深扣之看浮乳，点茶三昧须饶汝，鹧鸪斑中吸春露	《石门文字禅》《无学点茶乞诗》
	金鼎浪翻螃蟹眼，玉瓯绞刷鹧鸪斑	《石门诗钞》《与客啜茶戏成》
惠空（1096~1158，福州〔今属福建〕人）	添得水精精彩好，江西一吸兔瓯中	《宋诗钞》《送茶头并化士》
陆游（1125~1210，越州山阴〔今浙江绍兴〕人）	绿地毫瓯雪花乳，不妨也道入闽来	《剑南诗稿》《试茶》
	毫盏雪涛驱滞思，篆盘云缕洗尘襟	《剑南诗稿校注》《村舍杂书之七》
	飕飕松韵生鱼眼，泛泛云涛涌兔毫	《剑南诗稿校注》《放翁集外诗·逸稿》《戏作》
	雪落红丝碾，香动银毫瓯	《剑南诗稿校注》《梦游山寺焚香煮茗甚适既觉怅然以诗记之》
杨万里（1127~1206，吉水〔今江西吉安〕人）	鹰爪新茶蟹眼汤，松风鸣雪兔毫霜	《宋诗钞》《朝天集钞》《朝天诗钞》《以六一泉双井茶》
	鹧斑碗面云萦字，兔褐瓯心雪作泓	《宋诗钞》《朝天集钞》《陈蹇叔郎中出闽漕别送新茶，李圣俞郎中出手分似》
	蒸水老禅弄泉手，龙兴元春新玉爪。二者相遭兔瓯面，怪怪奇奇真善幻。	《宋诗钞》《江湖诗钞》《詹叔坐上观显上人分茶》
魏了翁（1178~1237，邛州蒲江〔今属四川〕人）	秃尽春窗千兔毫，形容不尽意陶陶。可人两碗春风焙，涤我三升玉色醪。	《鹤山先生大全文集》《鲁提干献子以诗惠分茶碗用韵为谢》
葛长庚（生卒年不详，闽人，曾入武夷山修道）	汲新泉，烹活火，试将来。放下兔毫瓯子，滋味舌头回。	《全宋词》《水调歌头·咏茶》

厚胎保温效果佳

厚胎保温

僧惠洪诗中说："盏深扣之看浮乳，点茶三昧需饶汝，鹧鸪斑中吸春露。"点明盏与茶色的互动，因盏深扣之才见浮乳，也因黑釉茶盏的胎土保温持久，才得鹧鸪斑吸春露之景。

品茶重在品"活"，这是一种参悟。品茶吟诗更知活用盏，盏的用法也随着时代品茗方式的改变而逐渐褪色。大宋点茶法并未消退殆尽，走入历史。

明朱权（明太祖朱元璋第十七子，晚号臞仙、涵虚子、丹丘先生）写《茶谱》记录了："凡欲点茶，先须熁盏。盏冷则茶沉，茶少则云脚散，汤多则粥面聚。以一匕投盏内，先注汤少许调匀，旋添注入，环回尽拂，汤上盏可七分则止。着盏无水痕为妙。"

熁盏就是将盏温热，即以盏的热来活络茶香。元明以后品茗方式出现了变化，由抹茶到散茶，由击拂茶汤到以沸水瀹泡，品茗用器出现了极大的差异性，并在审美角度上有了不同的看法。许多文献记载说明了历史剧变带来茶碗的变化。

岂容青花乱之

屠隆（1541～1605，明代文学家，字长卿，又字纬真，号赤水，别号由拳山人、一衲道人、蓬莱仙客，鄞县〔今属浙江〕人）《考槃余事》："宣庙时有茶盏，料精式雅，质厚难冷，莹白如玉，可试茶色，最为要用。蔡君谟取建盏；其色绀黑似不宜用。"

高濂（明代戏曲作家，字深甫，号瑞南。浙江钱塘〔今浙江杭州〕人）《遵生八笺》："茶盏惟宣窑坛盏为最，质厚白莹，样式古雅。有等宣窑印花白瓯，式样得中而莹然如玉。次则嘉窑心内茶字小琖为美。欲试茶色黄白，岂容青花乱之。"

许次纾（1549～1604，字然明，号南华，明钱塘人）《茶疏》："茶瓯古取定窑兔毛花者，亦斗碾茶用之宜耳。其在今日，纯白为佳，兼贵于小，定窑最贵，不易得矣。宣、成、嘉靖具有名窑，近日仿造间亦可用，次用真正回青，必拣圆整，勿用皆疵。"

田艺蘅（生卒年不详，字子艺，明代钱塘人）《留留青》："建安乌泥窑品最下。"

谢肇淛（1567～1624，字在杭，明代福建长乐人）《五杂俎》："蔡君谟云，茶色白，故宜于黑盏，以建安所造者为上，此说余殊不解。茶色自宜带绿，岂有纯白者，即以白茶注之，黑盏亦浑然一色耳，何

莹白如玉，可试茶色

建盏其色绀黑

由辨其浓淡。今景德镇所造小坛盏，仿大醮坛为之者，白而坚厚最宜注茶。建安黑窑，间有藏者，时作红碧色，但免俗尔，未当于用也。"

白色茶盏的抬头

张源（明人，生卒年不详，字伯渊，号樵海山人，包山〔即洞庭西山，今江苏震泽县〕人）《茶录》："茶瓯以白瓷为上，蓝者次之。"

王罩（初名斐，字丹麓，号木庵，自号松溪子，浙江钱塘人，清顺治时秀才）、张潮（1650～？，字山来，号心斋、仲子，安徽歙县人，清朝文学家）《檀几丛书》："品茶用瓯，白瓷为良。"

明朝对于宋代茶盏展开批判，实为饮茶方式改变所致。绿茶汤色无法在黑釉茶盏中见色甘永，而白胎能将绿茶的自然之色表露出来，自此白胎瓷杯蔚为主流。

明代瀹泡炒青绿茶，茶色淡雅，旋烹旋啜，精绝耐品，白胎瓷杯将茶色自然之境融于杯体，相映生辉。景德镇瓷、德化瓷各有千秋。经由胎土分析，才知凝结滋味是历经的沉积。以德化瓷为例分析如后。

德化瓷胎土解密

宋代与元代的德化窑产品（注9），出土标品各六件，经分析研究，其瓷胎中二氧化硅特别高和三氧化二铝特别低之外，所有瓷胎中的二氧化硅含量在 71.76% ～ 77.8% 间变动；三氧化二铝则在 17.38% ～ 21.76% 间变动，经过比对，证明德化窑采用当地产的瓷土，是所谓"一元配方"。其特点是高硅低铝，有利于降低烧成温度和玻璃相的形成。

注9：宋元德化窑碗类器形演变图，叶文程、林忠干、陈建中，《德化窑瓷鉴定与鉴赏》，南昌：江西美术出版社，2001。

同时，瓷胎中的三氧化二铁含量在 0.25%～1.12% 间变化，氧化钛含量低于 0.18%。铁与钛氧化物的含量普遍低于其他窑口的数值。这样的特质有利于烧制优质白瓷。

明代德化白瓷胎体的化学成分中，三氧化二铁的含量比宋元青白瓷更低，一般在 0.18%～0.35%。釉彩用瓷土加釉灰配制而成，《天工开物》记载："用松毛灰调泥浆。"釉的化学成分，氧化钙含量小于 10%，多数在 6% 左右变化；氧化钾的含量大于 6%，甚至有些胎中氧化钾的含量超过釉中氧化钾的含量，此类釉称为钾钙釉，其特点是提高了釉的高温黏度，十分有益于防止釉的流淌与增强其亮度。

明代德化白瓷胎釉中，氧化钾的含量几乎差不多，甚至胎中氧化钾含量超过釉中的氧化钾含量，使得胎中生成多量的玻璃相，而增加胎的透明度。加上德化窑釉层十分薄，一般在 0.1～0.2 厘米之间。一个半透明洁白

宋元德化窑碗器形演变图

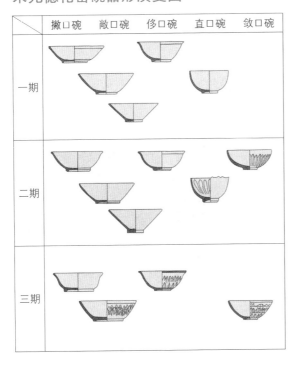

	撇口碗	敞口碗	侈口碗	直口碗	敛口碗
一期					
二期					
三期					

白色茶盏的抬头

的胎加上一层薄而光亮洁白的釉，更显出整个瓷器通体半透明的玉石感。釉层虽薄，但肉眼观察，胎体具有肥腴的滋润感。（注10）

德化窑残片样品的成分分析

窑址	时代	化学组成								氧化物系数
		二氧化矽 SiO$_2$(%)	氧化铝 Al$_2$O$_3$(%)	赤铁矿 Fe$_2$O$_3$(%)	二氧化钛 TiO$_2$(%)	氧化钙 CaO(%)	氧化镁 MgO(%)	氧化钾 K$_2$O(%)	氧化锰 MnO(%)	有机过氧自由基 RO$_2$(%)
屈斗宫	元	73.68	19.75	0.36	0.06	0.25	0.21	5.83	0.04	6.27
屈斗宫	元	72.31	20.28	1.58	0.57	0.39	0.24	5.41	0.02	5.81
祖龙宫	明	73.38	19.97	0.19	0.09	0.41	0.26	5.02	0.05	6.22
祖龙宫	明	74.22	19.16	0.18	0.08	0.40	0.37	5.07	0.05	6.55

注10：德化窑残片样品的成分分析，叶文程、林忠干、陈建中，《德化窑瓷鉴定与鉴赏》，南昌：江西美术出版社，2001。

卵幕杯与流霞盏

元代马可·波罗（Marco Polo，1254~1324，意大利威尼斯商人、旅行家）看到的陈腐瓷泥历时"三四十年"的方法，在明代得以继承，粉碎、淘洗、陈腐、炼泥更加严格与细致。据德化县的资料，至近代仍在延续传统的方法：瓷土经水碓舂细后，放入沉降池中，其上细颗粒部分称为软土；其下粗颗粒部分经过再舂细，再沉降，所得第二道的细颗粒部分称为硬土。一般均将软土与硬土按5：5或3：7两种比例合成。

瓷杯薄胎也有做到接近蛋壳般，古人称"卵幕"。明万历时期景德镇有名工吴（又作昊）（十九，名吴为，自号壶隐道人），所制"卵幕杯""流霞盏"最为著名，号称"壶公窑"。《陶录》称他的"盏色明如朱砂，杯极莹白可爱，一枚才重半铢，四方不惜重价求之"。"铢"为旧时一两的二十四分之一，可以想见胎的轻且薄。

薄胎杯易挂香，常被爱品功夫茶的人尊为品茗之宝——若琛杯。其制造者为嗜茶之雅士，至今以清康熙落"若琛珍藏"底款的杯器被尊为至上。"若琛"杯薄如鸡蛋壳，在光线下映照可见杯里的手影。一件绘有山水图案的若琛杯，杯中的白釉透过光线，

滋润感似玉石（左页上）
薄胎杯易挂香（左页下左）
杯体山水图案细腻（左页下右）
吸水率低激香（上）
由釉色、绘工分辨各时代风格（下）

可见杯子外表的山水图案，甚至是杯底圈足处书写的款识也可由杯底透光看到，足见胎薄之功。

吸水率低激茶香

今人则惯称"蛋壳杯"。最早这种做法的制品始于德化白瓷杯，此后从清康熙、雍正、乾隆三代，到晚清一直至今都有人制作，而如何由釉色、绘工分辨各时代的风格，已成为品茗时的热门话题。

以现今的制瓷分析，正是应用了"长石—石英—高岭土"三组分系统瓷，这种瓷利用长石在较低温度下熔融并形成高黏度玻璃的特性，与石英、高岭土按一定比例配成坯料，一般在 1250℃ ～ 1350℃烧成。其特点是瓷质洁白坚硬，呈半透明状，吸水率低。

蛋壳杯小巧可人

吸水率低代表杯表不易附着，茶汤香气直接上扬，不经修饰，是为瓷杯的特质。适品高香茶，例如台湾高山乌龙茶、包种茶、安溪铁观音等，可借由瓷杯低吸水率尽散茶一身的香甘之气。

历经时代品茗方式的变异，杯器或以瓷胎、缸胎、铁胎，形塑胎土是凝结茶滋味的后盾，概约分成胎薄、胎厚的杯器，其发茶性的归结，不若细品文人用心体验茶与器的共感，依存胎土科学成分分析外，鉴胎的目力和窑口历史风华的交叠，展现美感的启动，就在杯的胎土中。

5章

[釉药]

拥抱的热情

釉用深情的眼神，望着器表外的宇宙……身穿抹绿的青釉茶盏，薄雾轻纱清澄，一身盈洁是品茗赏器的转机，在冷、冻、寂、枯的吟唱里……抹白看时变飞雪。有晴朗光泽白釉盏托，皓皓如春空的白云，引来满室浮白空灵，白盏亭立是跃升不染的净空！漆黑的黑釉茶盏能觅得几许深情的眼神？在深远黑沉夜色中，暮然见七彩虹光，移转在光影，投给精行品茶人！

色的联想·勾魂摄魄

釉，以色的联想，勾魂摄魄。黑釉的深远，青釉的澄洁，白釉的净空，纷纷入杯盏，诗人留下悸动……陆游写"汤嫩雪涛翻茗碗"，极致地将茶色与碗色勾连；徐夤写"冰碗轻涵翠楼烟"，未尝不是以茶轻品碗盏深情，用真情掌真物，才知人无真性，安能赏茶真情。茶有杯保真、守真，便成为发明本心，著诚去伪精神，才能见釉拥抱的情。

釉的真境是有机的分享，是理智分析的参道。由釉入杯的热情，起了视觉、味觉的醍醐味。

釉，是陶瓷坯体的玻璃质薄层，釉中所含的金属氧化物种类和比例不同，经由调制而成釉浆，分别或用浸、喷、烧等方法施于坯体烧制而成。又因烧窑有氧化或是还原的差异，使釉色烧出青、白、黑、绿、黄、紫等不同颜色。

釉是一种混合矽酸盐，从上釉的瓷杯表面的釉面光泽来分，分成光面釉杯、半光面釉杯、无光面釉杯、表面结晶釉杯。

釉的成分不同，有不溶解性原料的生料釉，或烧成前釉内含有玻璃的熔块釉，这两种釉分别有含铅或无铅之分，其中釉中的酸性、碱性、中性又使釉的表现兵分三路：酸、碱、中三类。

釉药激起茶欢愉（左页）
色的联想，勾魂摄魄（上）

吸水率与抗污力

要知道今人品茗杯和古人制杯用的釉料与茶有什么关联，得先了解釉料内的化学成分，对瓷器的功能有何影响，才易懂得釉药中显现出来的玻璃质程度高低。又其间涉及玻璃质在一只瓷杯表面，所引动杯器的吸水率与抗污力的问题。

而其中最广为应用在茶杯上的青釉、白釉、黑釉，和六大茶种的青茶、黄茶、白茶、绿茶、红茶、黑茶等，起了视觉与感官的交互变化，值得品茶人细细品味！

当然，了解釉料的成分还得利用对照使用的实验参照，可见不同窑口使用的釉，是造成茶色香气滋味差异的重要变数。在釉的化学成分中，有几个成分影响最大：

氧化铝（Al_2O_3）：它对釉性能的影响，包括增加熔融物的黏度，阻止或防止巨形晶体的长成，同时调节熔融物的流动度，影响釉的耐火度，亦即"成熟温度"，并增加釉的硬度。

氧化钙（CaO）：其所供给釉的功能，在于增加硬度，亦即耐摩擦度。

氧化镁（MgO）：氧化镁与其他碱土金属一样，促进有限度之釉的不透明度。在某些釉中加有氧化镁，定会增加光泽，又因为它是耐火物，可能成为低温无光釉的成分之一。

碳酸钾（K_2CO_3）：加强耐水溶性与减低膨胀系数。碳酸钾又名真珠灰，稍有潮解性。

冰冷掺进几许温暖

　　化学成分冰冷中掺进几许温暖，演变成釉料和宇宙的对话。若在釉料中加入相当量的铅化合物，可以增加折光指数，使熔物不易失去玻璃光泽。然而，在釉中加入某些铅化合物时，则会使釉黯然无光。这也是新烧出窑将釉表"雾化"的处理，更成为仿古技术中去"贼光"（意指新制瓷釉表光鲜亮丽）的方法。

　　由于品杯鉴器映合美感交织的赏杯美之旅，必经由釉料的模糊暧昧走向清明。

　　在瓷残片的胎质釉料化验中，就可以全面分析不同窑口化学含量的差异，对瓷杯烧成后的使用上，在吸水率与玻化程度的变异，这也导致瓷杯与茶互动的微观变化。

　　由青釉澄洁化学成分来着手，探析青釉系以铁为呈色剂，因釉或胎中含铁比重不同而呈现淡青、天青、粉青、翠青、冬青、豆青、梅子青、青黄、青绿等不同色彩。事实上，各种色彩的名称系随着时代的变动与施釉厚薄而定出，一般人难从定义上联结釉色，即使将不同时代的青釉茶杯放在同一桌面，也难区分出时代、窑口。

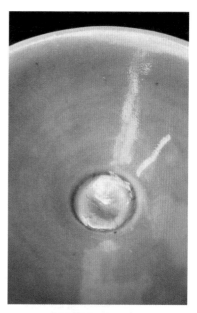

著名的"珠光青瓷"（左页）
青釉以铁为呈色剂（上）
釉料多变，丰富多元（下）

白釉铁含量低

青釉的冰冷枯寂

青釉在茶杯上的使用，自唐代以降越窑就极受推崇，越窑所产的玉璧足茶盏被陆羽评为各窑所出的茶盏中最宜用来品茶者。自此青釉系统的瓷杯分别在大江南北各地光耀门楣。比较突出有成就的是：越窑、龙泉窑、南宋官窑、汝窑、钧窑、耀州窑、哥窑。新加坡大学物理系用六十四个古代青釉瓷片的釉，做了釉药化学分析，发现因釉料中氧化铁由 1%～5% 不等的差异，青瓷产生了微妙的颜色变化。

化学分析证实，高价氧化铁形成的釉色较黄或褐，低价氧化铁就形成较青蓝颜色，如是轻微的差异，引发了各路才情纵横的文人雅士的歌颂、赞词。

图表揭示六十四个青瓷（见下图表），分别来自浙江（越窑、龙泉窑、南宋官窑、哥窑）和陕西省（耀州窑）（注 11），并经由分析不同窑址七个不同化学成分，分别是 SiO_2（二氧化矽）、Al_2O_3（氧化铝）、Fe_2O_3（赤铁矿）、CaO（氧化钙）、MgO（氧化镁）、K_2O（氧化钾）、Na_2O（氧化钠）的位置图。

青瓷的冰冷枯寂深富禅意，其化学成分赤裸地、几近冷漠地阐述道：今人迷釉色而不自迷。纵览深探釉色，自古就与青瓷齐名的白釉，仔细看白色不简单。白釉的白细分许多层次。

一、南方瓷方面：
（1）越窑系聚集在左方，龙泉窑系聚集在右方，官窑与龙泉窑（黑胎）则聚集在北部。
（2）越瓷的 CaO 与 MgO 含量高，SiO_2、K_2O 含量较低，釉是用瓷石与草木灰配成。
（3）龙泉瓷、黑胎青釉比白胎青釉有较高 CaO。原来到了南宋，青釉钙含量减少，钾含量增加，釉灰代替了草木灰。
（4）南宋官窑，由图示和龙泉瓷相叠，明显是瓷釉化学组成相似。
（5）哥瓷釉和白胎瓷釉重叠，足证窑口用釉相仿。
二、北方瓷方面：
北方耀州窑、汝窑、临汝窑、钧窑所用的瓷釉原料相似，但在釉药上做了精实的区隔。汝窑有较高 CaO 和较低 SiO_2。临汝窑与钧窑的 CaO 和 SiO_2 含量成反比，这正说明青釉瓷釉药已由原本的石灰釉迈向石灰碱釉新里程。

白釉闻名于世

　　白釉是色瓷器的本色釉。其釉料中铁含量小于 0.75，烧出来是白釉，古代选含铁量较低的瓷土与釉药制成白瓷窑的窑系，成为中国两大窑系主角之一。

　　白瓷的出现始于北齐，北方白瓷以邢窑、巩县白瓷、定窑白瓷为代表。隋唐时，白瓷烧制工艺更臻成熟，宋以后的河北定窑成为五大名窑之一，此后历经宋、元、明、清而不衰；而南方白瓷以江南景德镇和福建德化瓷最具特色，经由对海外的贸易而闻名于世。

　　白瓷的残片，以今日材料学的分析方法 PCA（Principle Component Analysis），可见不同窑口分布不同的目标区域。从"PCA 分析白瓷窑系图"（注12）的五个白瓷窑系其瓷釉成分分析中发现，定窑胎与釉及景德镇胎釉的反射率较好，由其

注11：青瓷化学成分分析表，《古陶瓷科学技术国际讨论会会论文集》，上海：上海科学技术文献出版社，1995。
注12：PCA分析白瓷窑系图，《古陶瓷科学技术国际讨论会会论文集》，上海：上海科学技术文献出版社，1995。

白瓷千里传香

青瓷化学成分分析表

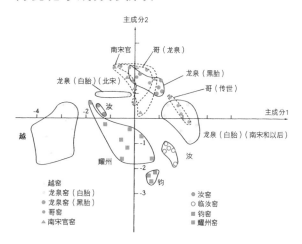

PCA分析白瓷窑系图

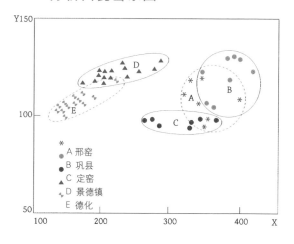

中所含氧化铁高低影响釉色，含量高则色偏青。（注13）

　　白釉中又以德化瓷最引人注目。明代白瓷瓷色光润，乳白如凝脂，釉闪粉红、乳白、牙黄而获西方"中国白"之美称。其间德化窑出品的杯器，光是名称就出现诸多创新。

　　面对德化杯的不同称谓，最使人称奇的是：若以德化杯来品茗，茶汤颜色更明亮，滋味更香滑甘甜，与一般瓷杯相较，则少了一层苦涩。足见釉药使然，成就茶汤的妙然若兰。

　　德化瓷的奥妙在釉药。德化当地陶工用瓷土大洗后沉淀的砂，配以适量的石灰、谷壳灰，将这三种成分的原料放入石臼中捣碎成粉，接着置入大缸或其他容器中，加适量的水进行淘洗，去除沉淀颗粒。采用大洗砂制釉法的最大优点是，有利于同一批原材料胎釉的结合。大洗后的沉淀砂是一些长石、石英类的矿石。

　　明代德化瓷有：乳白、猪油白、象牙白、葱根白、孩儿红、鹅绒白等瓷种。产生釉色差异的现象，并不是由于釉的配方不同，而是由于在窑内烧成时的位置、气氛不同而出现的一种变异，实际上属于一种"窑变"现象。

古白瓷胎釉分析表

各类白瓷窑	化学组成									
	二氧化矽 SiO₂(%)	氧化铝 Al₂O₃(%)	赤铁矿 Fe₂O₃(%)	二氧化钛 TiO₂(%)	氧化钙 CaO(%)	氧化镁 MgO(%)	氧化钾 K₂O(%)	氧化钠 Na₂O(%)	氧化锰 MnO(%)	五氧化二磷 P₂O₅(%)
邢窑	62.49	34.53	0.98	0.67	0.86	0.90	1.37	0.98	0	0.05
巩县	65.09	28.86	0.79	1.22	0.22	0.48	2.12	0.58	0	0.02
定窑	63.23	31.44	1.02	1.09	0.68	0.83	0.96	0.32	0	0.08
景德镇	73.55	17.88	0.92	0.06	0.61	0.23	2.15	1.59	0.05	0
德化	73.87	19.18	0.39	0.17	0.07	0.11	5.59	0.18	0	0.03

注13：古白瓷胎釉分析表，《古陶瓷科学技术国际讨论会论文集》，上海：上海科学技术文献出版社，1995。

釉的成分用科学化验发现，其碱金属含量高，尤其是钾的含量有利降低烧成温度，让胎釉结合，德化杯的透明润泽感由此而生，而这也是德化杯美化茶汤滋味的关键因素。

明代德化杯器各式各样，有深腹杯、敞口杯、浅腹杯、小筒杯、梅枝杯、八角杯、草纹杯、花纹杯、鸟纹杯、缠枝杯、刻字杯、八棱杯、八仙杯、八棱双耳杯、犀角杯、龙凤杯、梅花杯、云龙杯、透雕隔热杯、八宝杯、铜爵杯、小把杯、玉兰杯、公道杯、套杯、暗花角杯、堆花杯、叶形杯、人物杯、马蹄杯、桃形杯等。外形互异，胎土配方却是一成不变。

粉嫩糯米胎

有关德化杯胎土，明代瓷泥的配方基本继承元代的做法，采用高岭土为主要原料，配以适量的低温石。从出土的残片看，可以断定明代中晚期的瓷泥原料是经过精选的，几乎不含任何杂质。德化独有的优质瓷土，加上精选的瓷泥，促使了"糯米胎"的诞生。而不同窑口的胎土隐身杯后，影武者看似白瓷杯背后的玄妙万千。

德化瓷精选瓷泥，品茗用德化杯热香上扬，泛香持久。同属白瓷窑系的邢窑，其釉面吸水率较高，抗污能力相对较弱。

走过风光的白瓷窑系，千变中的不变，洞悉釉料的吸水率，还得靠品茗时的细微观照。以瓷杯为例，烧结欠火，或是在釉表玻化不强的状态下，品茗二三回后会出现茶渍残留杯底，杯内原本白釉色或是米

釉影响吸水率与抗污力（上）
滋味更香滑甘甜（下）

釉面的"窑变"纹样

黄色釉浸上了茶色，从视觉和使用上均是不雅与不洁的。因此，透过历史名瓷的体验，足供今人作为选杯的指标。

微观釉的变化，对茶汤影响颇大，再以黑釉的微细变化衍生器表对换的美感加以说明。

黑釉的窑变魅力

釉色的表现都以黑釉为主，又因两窑所采用的釉药化学成分稍有不同，加上烧结温度的变化，而产生各种多采多姿的窑变。釉本身产生变化，在釉面上呈现各种自然奇特的花纹，在陶瓷工艺学中称为"窑变"。

建窑结晶釉的窑变花纹，可归纳为五种类型：黑色釉、兔毫釉、鹧鸪斑釉、毫变釉和杂色釉。黑色釉是建窑的本色，窑变花纹则从釉层中透出而浮

现于釉面。在黑色釉与杂色釉都是一次性施釉，烧成的黑色釉又分为乌黑（纯黑色，后人俗称乌金釉）、绀黑（蓝黑色，清时称"紫建"）、青黑（指深沉厚重的绀黑）、黑褐色釉（主色调黑，但泛红光或泛黄光）。杂色釉也是一次性施釉，分成褐色釉、白色釉、紫色釉、青绿色釉。

　　建阳窑和吉州窑的黑釉茶盏施釉方法就很不同，杭州文物考古研究所的姚桂芳《论天目窑》中指陈："施釉方法，建阳窑与天目窑均以蘸釉为主，施釉皆不及底，吉州窑则采用洒釉法。"

　　宋代诗人虽不一定了解建盏的制程，但釉药变化魅力惊人，使诗人发出各种歌咏。例如：蔡襄《试茶》："兔毫紫瓯新，蟹眼青泉煮。"陆游《烹茶》："兔瓯试玉尘，香色两超胜。"

黑釉描银茶盏（左）
蘸釉，施釉不及底（右）

神奇的火山作用

蓝色的还原痕迹

诗人眼中，点茶过程带来极大的娱乐性。茶盏既是点茶的必备器具，又因独特的釉色，能和经击拂产生的白色汤花交互产生视觉效果，点茶时，能透过视觉与味觉的互动而促动了诗人的心动，留下传世不朽的诗词。

诗词中可见诗人对茶盏窑变产生釉色变化的细致观察；但我们其实很难判断诗人所用的茶盏，到底是建窑的鹧鸪斑茶盏？或是江西吉州窑的鹧鸪斑茶盏？还是以这两大名窑为模仿对象的其他杂窑中所生产类似的黑釉茶盏？由于建阳窑在当时名气实在太大，像四川的广元窑、涂山窑，江西的吉州窑，以及北方磁州窑和定窑都有仿烧非黑胎的黑釉茶盏。

如今又因废窑址陆续出土的残片与完整茶盏，可以拿来与传世品做一科学比对，进而找到茶盏的基因族谱。从釉药的多变不稳定因子找到杯器瑰丽幻影的促因，以油滴釉色来看，当燃烧到1300℃以上时，釉药中的成分产生变化，加上"火山作用"，促成油滴的形成。《古陶瓷科学技术国际讨论会论文集》中提到：要制成这类较大的油滴斑建盏是不容易的。故这类油滴盏当时不常有。

宋代陶工们并未完全掌握或控制这类油滴盏的生产工艺条件。因此这种产品的出现含有许多未知的偶然因素。天目釉料的成分是不均匀的。在烧制过程中炉温超过1000℃时开始出现液相。温度继续升高，大量的液相封闭了整个胎体，同时也把其孔隙中所存在的气体一起封闭起来。当达到最高烧成温度（1300℃~1350℃）时，釉已成熟，并能做出黏性流动。

分相——析晶釉点滴

同时胎中的气体由于升温，体积显著膨胀而进入釉液中，形成较大的气泡并与本来在釉中的气泡一起，大部分往釉表面迁移并且"鼓胀"起来。随后爆破，形成"火山口"。终于在高温下火山口坍塌，收敛，平复。

在这一过程中，若某一气泡所经途径为富铁区，过饱和的铁氧化物会在气泡的气—液相界上异相成核，析出了氧化铁的微晶，这些微晶被气泡带着一起走，并且边走边长大。当火山口平复时气泡完全消失……产生油滴圆形斑点。羽毫斑的生成则与之不同。气泡向表面行进的整个过程并未有足够的氧化铁过饱和度使之产生异相成核……微晶没有排列聚结成镜面，因而没有镜面反射效应。由于釉面流动并不快速，斑点只被略为拉长而形成羽毛状的斑块。

若烧成温度与条件控制得刚好，那么釉药的表面会留下蓝色的三氧化铁还原痕迹。这正是形成油滴或兔毫的关键所在。建盏釉是古代石灰釉类型，酸性较多，大体上是由暗褐色的玻璃构成，在毛筋的表面或背面稍微向下密集排列着许多不透明的褐色小球，但器近口沿的褐色之处（折口）并没有褐色小球，而是由褐色小针状的结晶三氧化二铁所组成。

在陶瓷工艺学中，这类又被称为"分相——析晶釉"。黑色釉、鹧鸪斑釉、毫变盏和杂色釉的胎釉化学组成，与兔毫釉的化学组成是雷同的，它们所用的原料、配方也一样，只是由于烧成工艺不同而呈现不同的釉面形态。

施釉方法大不同

　　油滴是气泡自釉中出现的痕迹，以此作为中心由三氧化二铁结晶而成。若温度在烧成后期提高得较多，则富含铁质的部分会流成兔毫纹。若温度过高或冷却过快，就会使釉水下垂如漆，形成纯黑釉，无兔毫纹呈现。若温度过低或火焰气氛不当，则会褪变为其他杂色釉。建盏是在龙窑的还原焰中烧成的，影响釉面形态的变因，除窑内的位置之外，也有烧成技术的影响。

　　釉药主宰了茶盏所呈现的面貌，举凡鹧鸪斑、兔毫或油滴，全都是釉药的窑变所形成的，只是不了解烧窑程序的人，光看到茶盏上的釉药变化，延伸出想象空间，同时给予不同的称谓，以致造成黑釉茶盏在分类上的复杂化。如今，借由釉药的科学分析，加上烧制过程的研究，将逐一厘清鹧鸪斑、兔毫与油滴的互动关系。

　　黑釉的深远，不单是釉表多变，深层解析釉表变化，有若星辉闪亮动人，是釉中铁的结晶多娇，献出光影让品茶士低回吟唱，令人由杯走入美的精神意趣，在黑釉茶盏的虹光，在白瓷中润而不润，在青瓷冷冻枯寂中辨见盎然生机。

釉药烧出想象空间（上）
釉药拥抱的热情（下）

6章

[烧结]

茶汤的解构

杯子完成了坯体，上了釉药，入窑烧成。火热温度召唤坯与釉，升华到最高点：深藏的热力在火的运动中产生无比强大的创造力，烧成一个会使人热爱、使人激动的杯！

这就是产生茶杯技术创造力的烧制过程——烧结。

烧结的原点——窑炉

烧结靠窑炉完成。窑的样式多，就形状而言有：方形窑、圆形窑及椭圆形窑；就构造而言，则有：平窑、层窑及登窑；就火焰而言，有：直焰、横焰及倒焰式三种。中国陶瓷的发展历程中，因地制宜，建造不同窑制瓷，而共同在燃料上出现北方用煤烧氧化焰，南方用薪材烧还原焰的特色。

烧结的原点——窑炉

《陶记》中说："窑之长短，率有规数，官籍丈尺，以第其税，而火堂、火栈、火尾、火眼之属，则不入于籍。"意思是政府按照炉窑的长短容量来确定其应缴的税额问题。其中也提到流行于宋代的龙窑窑炉的形体结构，有火堂（膛）、火栈（火道）、火尾、火眼（及窑门、投柴孔）等。窑的结构不同，加上所用燃料不同，烧成器物多样，指涉在茶杯上的成品，就由一只杯进入缤纷窑系。在烧结温度中，开启一条与茶汤共舞的幽径。

2002 年，安徽繁昌县柯家冲窑址挖掘出保存完整的龙窑，窑也依山顺势而上，水平长 53.5 米，斜长达 57.5 米，头尾水平相差 57.5 米，故有较大的抽力。整座窑炉由窑外工作面、操作间、窑头、窑身、窑尾、窑门等几个部分组成。

火与土的共舞

通过火的一次烧成（one-fire），或是二次烧成（two-fire），茶器表现了纯化，经过火的燃烧，胎土与釉药升华了，经久不衰，源源不断的生命力，完全融

合时外在的器物表面，体会到杯子原点的想象，甚至遐想到器形的融合与归一，内在的胎土超越到一个新的高度。发扬了窑口土质赋予的个性特质，足以通过圈足胎土的爱抚，去寻找杯子烧成的原乡。

那么如何点火（kindling）、如何控制火（controlling），如何引火到烧结形体，才能共谱这杯与火之舞？利用窑口引发的火，把丰富的精髓传递给了一具茶盏，使客观在烧成中相知，再形成对烧成诗般的想象，又把知性的烧结分析出来。

烧成期间，瓷化作用（vitrification）使坯体熔融瓷化；烧结作用（sintering）使坯体无孔隙。而在温度与烧成时间上，可能会出现"欠火"与"过火"情形。杯器的欠火（under firing）现象：无法完全烧结，釉药无法达其光泽，胎土脆弱。过火（over firing）现象：坯体变形，坯内遇熔起气泡，釉药遇熔往下流。

器与窑的共生

然而，在过往的盏托杯器中，却常因欠火或利用过火等烧结技法，在不对称的烧结条件下，找到对称产品的出现，利用原本的欠缺形塑成器的利多。

杯子烧成的背后是科学的；然而，昔日烧成的杯盏却在各种窑的式样、火焰中隐身埋没！今人看杯寻窑和杯器共生情怀，充满了光与热的启迪与风华！由中

国最出名的三大窑的烧法牵动了釉色多变的容颜。

中国古窑烧出名瓷的光环，风光千年。深入窑内解析器与窑的共生关系：

（1）景德镇窑

宋代"仰烧法"。《陶记》："或覆、仰烧焉。"又称"支烧"或"垫饼烧"。把垫饼放入已烧成的匣钵内，将碗装入匣钵，把碗的圈足套在垫饼上——把装有碗坯的匣钵逐件送进窑室焙烧。

北宋晚期至南宋初期的"阶梯形垫钵覆烧法"。先用瓷泥做好内壁分作一级或数级的盘或钵状物，都呈阶梯式，在钵或盘的垫阶上撒一层耐火粉末，使口不至与垫阶沾黏。因此口沿会留下粗糙的瓷胎，即所谓的芒口、毛边或涩口瓷器，会以铜或是银包住芒口使用。

南宋中晚期的"环状支圈覆烧法"。以泥饼为底，将一个以瓷泥作成的断面以L形圆形支圈放在泥饼上，加以覆烧。这样的烧制方法已不需要依赖匣钵，并能增加装烧的密度。

元代的"刮釉叠烧"。是在平底的匣钵中叠烧，已不用支钉间隔，而是把产品底心的釉面刮出一圈露胎，再把上一个碗不挂釉的底足放在下一个碗的露胎圈上，依次重叠再装入桶式匣钵叠装烧窑。

龙窑节节高升

（2）德化窑

宋元德化窑有龙窑与分室龙窑两种类型。龙窑因其升降温和流速快，可以维持还原气氛，使得宋元德化白瓷釉呈现淡淡的青色，即青白釉。德化白瓷窑的烧成温度多在1250℃～1280℃之间。分室龙窑的出现，是利用坡度的变化，对窑

火与土的共舞（左页上）
器与窑的共生（左页下左）
釉勾动窑火的戏码（左页下右）

室的火候与气氛进行更有效的调节。分室龙窑介于平焰式与半倒焰式的中间过渡形态。不同窑室设计为求烧瓷的精美，代代相传，次次改革，就为求好瓷。

明代宋应星（1587～1661，字长庚，江西奉新县宋埠镇牌楼村人）著《天工开物》指出：白瓷"凡白土曰垩土，为陶家精美器用。中国出惟五六处，北则真定定州……南则泉郡德化……"清乾、嘉年间，连士荃《龙涛竹枝词》独赞"郁起窑烟素业陶""白瓷声价通江海"。装烧的窑炉形式，在明代已由分室龙窑改为阶级窑，每室是一个半倒焰的馒头窑，升降温较慢，易控制升降温的速度与保温时间。在外观上比分室龙窑更为高大。阶级窑呈阶梯状，可以节约燃料、提高温度、控制气氛与增加产量等。

匣钵的守护

（3）建窑

建窑是在龙窑的还原焰中烧成的。建窑的龙窑，一般是半地穴式的建筑，依山坡挖出斜状的地槽，然后砌成长条形窑炉，外观看上去很像一条斜状的卧龙。

晚唐五代时期，建窑采用托座叠烧法，器物在窑内露烧，进而使用匣钵。

北宋时期，建窑的建筑材料改变，使得窑炉坚固度与密封度增强，同时采用"漏斗形匣钵正置仰烧法"，即将碗放进匣钵，碗外底叠一泥质垫饼，以防止烧制过程中釉药垂流发生沾黏。这时期的窑炉构造一般由火膛、窑室与窑尾出烟室组成，两侧分别辟多座窑门以利进出。

龙窑节节高升（上）
匣钵的守护（右页上）
釉药垂流（右页中）
结晶如群星（右页下）

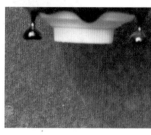

南宋中晚期，建窑的龙窑由斜坡式进一步发展为分室龙窑。以挡火墙分出许多窑室，利用烟气预热窑室的坯体，又能利用产品冷却的热来预热空气，以便节能，并引为还原烧的效果。

建窑的演变，靠窑身坡度形成的自然抽力控制入窑的空气与火焰，在窑床上分隔成若干空间，有效调节点火烧成的烟火流速，利用烟气预热坯体，逐步提高火焰温度，有效控制还原气氛。

建窑山区烧瓷燃料以松材居多，燃烧速度快，火焰长，适于还原焰。窑工会把重要产品放在窑中火焰适当之处，来控管烧结。

结晶如群星

以不同窑的形式进行还原烧制。三大名窑烧造多种茶器，其间以建阳茶盏东传日本最风光，此后茶盏被视为日本国宝。它的烧结结构繁密，烧结温度紧扣着流动釉，进行一场釉勾动窑火的惊喜戏码。

油滴与兔毫在釉药的使用上稍有不同，但入窑之后窑火的温度才是关键。以油滴为例，要烧成油滴效果，在古代的龙窑里，其成功的烧结温度在 20℃温差之间，不足火或过火都无法形成油滴效果，就是油滴茶盏稀有的原因。窑址中少见油滴的残片，或是根本没有发现曜变的残片，实属正常。残片少见，并不表示它不存在。

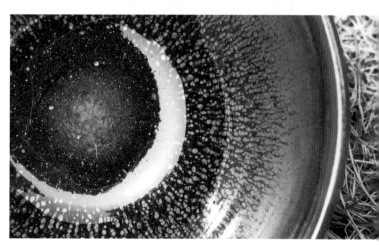

那么，油滴烧结的耀动如何导入科学的分析？

从胎土、釉药分析，建盏的特质是：胎厚、釉厚，而且胎、釉中所含铁量极高，在烧造过程中，胎釉铁质胶融，析出结晶，且依其在窑内所置方位、所受火力不同，流动的结晶亦呈相异，冷却时产生各种绀黑、褐紫、鹧鸪、兔毫等千变万化的窑变。

即流传较多的细毫条纹状的所谓"兔毫斑纹"，银白圆点的"鹧鸪斑纹"，被日人称为"油滴天目碗"。以外还有由大小类似油滴斑点组成，或散或集如云朵带有晕染的蓝色结晶体乍现碗内，如是闪闪如群星，釉斑就是日人称的"曜变天目"。

流动的釉药，在龙窑中到底会烧出何种面貌？油滴、兔毫、鹧鸪斑都是开窑之后才会现身，这亦为龙窑烧窑的特质。烧结成果有期待，却又怕不如预期。时代变换，通过釉药的分析，今人从分析与掌握调配釉药，想烧出油滴、兔毫、鹧鸪斑并非梦事。这也是今日文物市场上出现诸多黑釉茶盏的原因，以人为的控制来烧出千年前的窑变！

烧结主导了变异（上）
珍稀浪漫釉色（下）

点茶首席鹧鸪斑

成功与否，烧结是关键。烧结使釉药变动，造成了茶盏釉色的多变，形成了茶盏多样名称。以鹧鸪斑茶盏而言，在宋代的诗词中被文人推上点茶茶器的首席；但烧结主导了变异，光是一个建窑就可以归纳出正点鹧鸪斑、类鹧鸪斑油滴、类鹧鸪斑曜变等三种类型。

对窑之内部热传导捉摸不清，造成同一窑口的变化多端，以建窑烧鹧鸪斑茶盏的制成过程为例，等烧成茶盏之后，依釉色分：绀黑、乌黑、青黑、窑变四种。窑变的不确定性，有谁能掌握烧出类鹧鸪斑茶盏（如日本国宝曜变天目）及兔毫茶盏呢？

釉变的不容易，则变通用二次烧方法，拿出已烧结成黑釉茶盏上釉二次烧，可烧出"正点鹧鸪斑茶盏"。单一名称是隐含烧结的结果；但细看鹧鸪斑茶盏的传世，在历史文献中有着不同名称，尤其在东渡扶桑后，更演变出"油滴""曜变""星建盏"等命名。

此类名称不见于中国宋代的文献记录，它们仍然应归入宋代鹧鸪斑范畴。解开悬疑的鹧鸪斑之谜，可由鹧鸪斑茶盏的三种分类：正点鹧鸪班、类鹧鸪班油滴、类鹧鸪斑曜变来探究烧结背后的真相。

正点鹧鸪斑：斑点呈圆形或卵圆形，呈银白、纯白、卵白色，

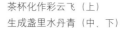

茶杯化作彩云飞（上）
生成盏里水丹青（中、下）

圆点较大，分布较错落。1988 年在建窑水尾岚遗址出土的一件黑釉碗残器，足底刻"供御"铭文，通体施黑釉，呈现黄色兔毫纹。碗面上的圆形斑点呈白色，状如珍珠，中央珠点较密集，周围则比较疏朗，显然是人工以毛笔蘸白釉点上去的，属于二次施釉性质，与通常一次性施釉窑中自然烧成的有所不同。

类鹧鸪斑油滴：宋代黄庭坚（1045～1105，北宋诗人，字鲁直，自号山谷道人，晚号涪翁，洪州分宁〔今江西修水县〕人）说道："纤纤捧，研膏溅乳，金缕鹧鸪斑。"类鹧鸪斑油滴斑点大小不一，呈银灰、灰褐、黄褐诸色，分布或密集或疏朗，状如沸腾的油滴，又好像水面上滴上许多油珠一样，俗称"星建盏"。

类鹧鸪斑油滴的产生就是窑变的结果。釉色呈现着油滴般的斑点，又因还原时釉药中的二氧化铁会造成各种不同的颜色，以及斑点的大小，看起来像油滴，故以类鹧鸪斑油滴称之，此类茶盏所呈现的油滴有银灰色、赭色，油滴直径也有大小之分。

类鹧鸪斑曜变：类鹧鸪斑曜变是在斑点内有一部分呈黄白色，在斑点的周围和中间则呈现青白色，有些地方还带青紫色。曜变斑广布于碗内壁，是一种特殊的鹧鸪斑变异。

类鹧鸪斑曜变，是所有鹧鸪斑里最特别的一种釉药表现，"曜变"之名应与日本国宝曜变天目碗有关，因其窑变形式看起来像油滴，却又像油滴的变形，在每一个斑点上，釉夹杂了蓝与黑的瑰丽变化，像极了夜空中的星光，以曜变来称之，加添几许浪漫。

"正点鹧鸪斑"是经过二次烧完成。二次上釉成为黑釉茶盏上的图案。由于宋代陶工系以鹧鸪鸟斑为主要表现方式，故以"正点鹧鸪斑"称之。正点鹧鸪斑茶盏斑点表面突起，是为二次烧的白釉附着在黑茶盏上的特色。

悠见黑釉浮木叶

鹧鸪斑茶盏满足了点茶者的视觉需求，在点茶时也发挥了娱乐性，鹧鸪斑茶盏的实用性更与娱乐功能的交互实践，对于宋代黑釉茶盏的烧造，已因能掌控火候烧结的多样性，在同时期蔓延。吉州窑木叶纹茶盏正是一例。

江西吉州窑的釉上剪纸贴花，整个器物表面先施一层黑色底釉，贴上剪纸图样，再施一层褐或黄色面釉，然后揭去剪纸图样，入窑高温焙烧而成。器成后黑色的纹样展现在千姿百态、幻化无穷的或褐或黄彩背景上，如剪纸贴花双凤纹盏，剪纸贴花吉语盏，若以树叶沾釉替代剪纸图样贴于黑色底釉之上，则成了木叶纹茶盏，由于烧成率不高，固物稀珍贵，后世多见旧胎二次烧木叶纹茶盏。

淬炼的一生相守

吉州窑的贴花器物是直接施釉，没有化妆土补底。以此技法完成的吉州窑茶盏，既得釉色形体之美，又夺得观赏之雅。品茗时，赏茶汤上受竹筅击拂而至的汤花，隐约可见剪纸贴花吉语，悠见黑釉浮见枯叶。

《清异录》卷四"生成盏"条："饮茶而幻出物象于汤面者，茶匠通神之艺也，沙门福全，生于金乡，长于茶海，能注汤幻茶成一句诗，并点四瓯，共一绝句，泛乎汤表小小物类，唾手可辨耳。檀越目造门求观汤战，全自咏曰：'生成盏里水丹青，巧画工夫学不成。却笑当时陆鸿渐，煎茶赢得好名声。'"

饮茶时茶盏上出现物象，说成有人能住汤幻茶一句诗，若以吉州窑茶盏面的图案隐约在茶汤底层，应是较具采信"生成盏"的实况吧！"漏影春"也直述此事实。

《清异录》卷四"漏影春"条:"漏影春法,用镂纸贴盏,糁茶而去纸,伪为花身,别以荔肉为叶,松实鸭脚三类,珍物为蕊,沸汤点搅。"

淬炼的一生相守

日本入宋禅僧荣西也曾写道:"登天台山见青龙于石桥,拜罗汉于饼峰,供茶汤而感现异花于盏中。"使茶汤丹青不致"须臾就散减"。

茶汤出现异花于盏中,在现实情景中,木叶茶盏是一片飘落于先民饮食文化中的叶子,更是历史飘落的智慧。展现心灵与自然融合的美,是简约单纯的艺术之美。

烧结是繁复的,烧结是布满不确定性的,烧结好的茶盏是陶瓷与火共生淬炼的一生相守。不同窑址的茶盏共相显现单色釉带来的婉约美学。

关剑平在《茶与中国文化》中认为,宋代国势的衰微,使得文人理想与现实的距离越来越大,为填补社会理想破灭而生的空洞,他们转而追求个人心灵的安逸与感官的享受。与审美心理的"婉约"化作互为表里。

黑釉茶碗,青白瓷茶碗,烧结中凝结出感官愉悦,精神的愉悦,在火与陶共舞的欢愉中,聚集茶盏的实像;既是昔日解构茶汤的精灵,亦是今日茶盏化作彩云飞!

品茗的旅途有盏相伴茗事飘然,尽在烧结出窑茶盏的刹那之间。

单色釉的挥洒

第二部

杯·品精·得清

　　不同茶种，经由适当材质的壶器泡出好滋味，注入茶杯。瞬间，杯扮演着承先启后的角色，茶汤能否尽释真味靠杯，茶汤真香好滋味正由杯来衬托。

　　一般品茗或只在意茶杯的大小，却无法量化大小茶杯真正的容量，这是品茗一时的"纵容"，也是一种"在意的不在意"。如何经由杯器的釉色、胎土与形制，做最佳的诠释，选出最出色的茶种，并能在品饮风格上保持正向与雅格，最终用清澈无浊之心，将六大茶种的绿、黄、白、青、黑、红茶，依次保有杯承载茶的正味，在一只杯内敛气约性，将上扬的香沸醇腾归于明净。如是才得味之精，才能归纳、表达、解构茶汤和杯子的隐秩序。

　　品茶得法，不论茶种先得"清"：香气要清正，汤色要清纯，品茗的味蕾也要清，如是以杯品精才能得清，那么利用茶叶审评规则和实务操作才能得精。

　　一、审评用具

　　评鉴规则订出审评空间、用具,在相对客观的条件中进行评鉴。审评用具必备:

- 杯：白色圆柱形瓷杯，杯盖有小孔，杯口有齿形缺口，容量 100 毫升。

- 碗：广口白色瓷碗，容量为 200 毫升，杯与碗配套。

- 汤碗：白色瓷碗，放入沸水以洗汤匙用。

- 匙：闻香匙。

- 煮水壶：容量 2.5～5 升。

- 茶样盘：长 220 毫米，宽 220 毫米，高 40 毫米，杉木板，不带异味。

- 定时器：5 分钟自动响铃。

- 秤

- 叶底盘：木质方形小盘，长 100 毫米，宽 100 毫米，高 20 毫米，或是白色长方形搪瓷。

二、茶样审评

①取代表性茶样 150～200 克放入样盘中。评其外形。

②取 3 克茶叶，确定重量后放入审评杯，再用沸水冲入杯中至满 150 毫升。

③浸泡 5 分钟。

④将茶汤放入审评碗内，评其汤色、闻空杯中香气并品评。

⑤将叶底倒出，观察叶底品质。

三、审评流程

取样→评外形→称样→冲泡→沥茶汤→评汤色→闻香气→尝滋味→看叶底

有了一套完整审评办法，才能使茶叶品评具有科学性。茶叶品质是茶叶的物理性状和茶叶中所含有的化学成分的综合体现。茶叶的外形色泽是通过人的视觉来判定的。

茶叶的香气与滋味是通过沸水冲泡后，茶叶中的化学成分在水和热的作用下，转化为气态、液态和固态物质而形成的。茶叶的香气是通过人的嗅觉来辨别的，茶叶的滋味则是通过人的味觉来辨别的。茶叶的香气与滋味刺激人的嗅觉和味觉神经，通过神经元输送到大脑。大脑根据神经元输送的信息，作出判断，确定茶叶香气的高低与香型，滋味的浓淡与强弱。

五力分析表

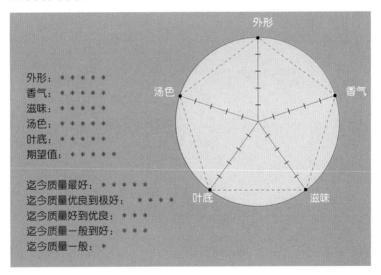

"五力分析表"是品茶者每回品茶的记录，按照不同茶种，分别以外形、汤色、香气、滋味、叶底五项，记录每回泡茶的感受。品评精鉴。

理性评茶，又如何感性体会诗中"舌根茶味涌"的感受？首先得要充分利用杯器得味，更由杯累积丰富文化涵养，才能品活茶，登临品味妙境！才能以杯与茶汤交融互动！

7 章

［绿茶］
单釉的衬色

绿茶的汤色，以嫩绿为上，黄绿次之，黄暗为下。决定茶汤色泽的物质是茶多酚类。茶汤若明亮，表示茶多酚适度氧化。若茶汤色泽变深，表示茶多酚过度氧化。单色杯用最直接的接触，衬出绿茶的春天。白釉瓷杯衬出甘美，黑釉瓷杯衬出对比中的协调。

碧螺春绿茶雀跃春光的绿和白瓷杯的无瑕。黑釉杯的沉敛有对味的合鸣，也有三位一体的共鸣。碧螺春和黑白写照反比的色系，又如何谱出和绿意的三重奏？又如何叫敏锐易感的品者低吟回荡在顷刻香煞扑鼻的茶香？要了解碧螺春与杯器的互动关系，必先了解碧螺春的制作工序，以及碧螺春的茶多酚如何适度呈现，明白碧螺春衬出色不异空，色即是空的意境！

碧螺春的春天

　　碧螺春茶是当天采摘，当天炒制的，炒制沿用传统手工炒制工艺。炒制一锅碧螺春茶约需 35～40 分钟，要经过高温杀青、热揉成形、搓团显毫、文火干燥四道工序。

　　炒制过程全凭炒茶者的双手，炒时手不离茶，茶不离锅，揉中带炒，炒中带揉，连续操作，起锅即成，这样炒出来的碧螺春茶干而不焦、脆而不碎、青而不腥、细而不断。

　　碧螺春茶制作工序的复杂，说明了它的纤细易感。

　　杀青：在平锅内或斜锅内进行，锅温 190℃～200℃时，投叶 500 克左右，双手翻炒，做到捞净、抖散、杀匀、杀透、无红梗无红叶、无烟焦叶，历时 3～5 分钟。

　　揉捻：锅温 70℃～75℃，采用抖、炒、揉三种手法交替进行，边抖边炒边揉，随着茶叶水分的减少，条索逐渐形成。炒时手握茶叶松紧应适度，太松不利紧条，太紧茶叶溢出，易在锅面上结"锅巴"，产生烟焦味，使茶叶色泽变黑，茶条断碎，茸毛脆落。当茶干度约六七成时，时间约 10 分钟，继续降温进入搓团显毫。历时 12～15 分钟。

　　搓团显毫：是形成碧螺春形状卷曲似螺、茸毫满布的关键过程。锅温 50℃～60℃，边炒边用双手用力地将全部茶叶揉搓成数个小团，不时抖散，反复

绿茶纤细易感（左）
茶入水沉杯底（右）
沉敛对味的合鸣（左页）

碧螺春蹿梅香（上）
品茗者的梦幻逸品（下）

多次，搓至条形卷曲，茸毫显露，达八成干左右时，进入烘干阶段。历时 13~15 分钟。

烘干：采用轻揉、轻炒手法，达到固定形状、继续显毫、蒸散水分的目的。约九成干时，起锅将茶叶摊放在桑皮纸上，连纸放在锅上用文火烘至足干。锅温约 30℃~40℃，足干叶含水量剩 7% 左右，历时 6~8 分钟。全程约 40 分钟左右。

茶入水沉杯底

碧螺春的炒制时间十分紧凑，不容一丝疏忽。若搓揉茶叶用力过猛，茶叶粘锅壁，产生焦火气；即便到了"搓团显毫"时，用力也得拿捏适当，若用力过猛，茶叶容易断脆脱毫。在这样的炒制过程中，搓揉的力道或轻或重，都左右成茶的香气与色泽。茶是否做得好，就凭茶农用心体会，拿捏适中，茶农烧火炒茶，全靠双手识别判断，也靠着鼻子嗅闻来体察炒茶的时间。

真碧螺春条索纤细卷曲成螺，茸毫满披却不很浓，银绿相间（或银白隐翠）。一芽一叶是最好的，其次是一芽二叶，再来是一芽三叶，看茶叶在茶杯中泡开以后，就可见茶叶形状，是一种辨别也是一种享受。

　　真正的碧螺春一投入杯中，茶入水即沉入杯底，茶叶会慢慢展开，颜色微黄。碧螺春的茶汤是嫩绿的，观赏茶汤的颜色是一种重要的辨别的指标。

　　然而，许多店家不给试泡，尤其是在观光区的碧螺春专卖店更难观茶汤，但若表明要购买一定的数量，并要求有一定的品质，不妨要求试喝以防买错。

　　真碧螺春第一泡鲜爽，第二泡甘醇，第三泡微甜，蕴含淡淡花果味，才是真正的碧螺春。碧螺春茶汤入口淡甜带花香，一股原醇茶气行走味蕾，引出满口生津。

迷你小杯辨香

　　碧螺春因与各种果树间种在一起，因此茶叶带有"果香"，这是碧螺春的基本特色。那果香是来自柑橘、枇杷，还是梅花？不同果树与碧螺春茶树杂种会产生不同的茶汤滋味，闻香辨味是对嗅觉感官的一大挑战与享受。

　　喝碧螺春，即使用小杯来喝，也应该分成好几小口品尝，第一口最令人印象深刻，用舌尖去感应甜味；第二口用舌背的味蕾回应单宁的收敛性，看看有没有回甘；第三口则靠喉咙来判断：通常有不舒服"锁喉"感觉的茶，多半还带有臭青味；反之，若喉头清朗，回甘不断，才是好茶。

　　皇帝赐名，碧螺春出了名，直接造就碧螺春成为品茗者的梦幻逸品，并出现在文人雅士品茗后抒发的诗词文章中，今人看茶更可嗅出当时制茶的精致与品饮惊叹。

　　清王应奎（1683~1759）在《柳南续笔》中写："洞庭东山碧螺峰石壁，产野茶数株，每岁土人持竹筐采归，

碧螺春水　洞庭悠色（上）
受想行识　亦复如是（下）

以供日用，历数十年如日，未见其异也，康熙某年，按候以采而其叶较多，筐不胜贮，因置怀间，茶得热气异香忽发，采茶者呼'吓煞人香'。'吓煞人'者，吴中方言也，遂以名是茶云。"

王应奎记录了碧螺春因为在采摘过程中，茶叶香气扑鼻而来而震吓人。茶如是"香煞人也"，或只是一位茶农对于身旁茶叶所发出的赞叹，也许是一句无心的家乡话，竟成为世人对于茶的一段不可磨灭的印记。当然，碧螺春出名还要靠自己的实力！

受想行识·亦复如是

文人爱碧螺春，高度品茗感受力，佐以佳器，在明清书作中鲜活记录当时品绿茶的白瓷杯，今人可效古人用白瓷，亦可用借景妙衬碧螺春一身娇绿的气息。

在白瓷方面，白瓷盖杯可尽出原味。文人用"莲花"来说明喝碧螺春的味蕾感受，实际上，他们所要表述的是一种以茶寓意、文人对人格的清高洁净的表现。

沈复（生于清高宗乾隆二十八年〔1736〕，卒年不详，字三白，苏州人）《浮生六记》中所说："芸用小纱囊撮茶叶少许，置花心。明早取出，烹天泉水泡之，香韵尤绝。"他所形容的将茶叶放在花心里，只是为了利用美好的泉水来泡出茶和花的平均律。古人爱莲，又常拿莲与茶来做妙喻，这应是莲花的洁净，是文人品德尚节的一种追求，因此，他们也会常想将碧螺春这样的嫩芽跟莲花放在一起，两者交流，相得益彰。

如今，光是喝碧螺春，如何尝出茶与人品的律动？首要是需保有清纯的心灵，才能贴近文人雅士在品碧螺春时的细腻与执着。赏味碧螺春必须通过一些理性的方法与原则，以及品饮的秘诀，才能品出碧螺春的色、香、味。

借景妙衬茶娇嫩

泡碧螺春的选器，可师法古人。明代风行喝绿茶，以苏州文人雅士的经验，是今人学习的典范。

明代，碧螺春这类的绿茶已成为主流，当时扬弃了团茶繁复品茶的方法，大量采用散茶，这种品茗方式影响至今，尤其在茶器的制作方面出现了崭新局面，中国的名窑像是江西景德镇、江苏宜兴或是福建德化窑都有很大的成就，各窑口为了满足品茗需求制作杯器，其间白瓷杯小而美，在小器杯身上寻古人品茗智慧。

师法甘美况味

明代文人讲究茶器的雅、适、静、趣，将饮茶与生活结合，不正符合今人品茗追寻能力和生活品位提升的一种境地。

选对杯器承载碧螺春，杯的形制、釉药、胎土所牵动的优劣判别，正是令品茶人雀跃可从中找到呼应的讯息，才能品饮茶器共生甘美的况味！

碧螺春是炒青绿茶，品饮时直接将之放入壶中以沸水冲泡，再注入杯中即可饮用。如此简单的泡法，却有很深的内蕴。以白瓷盖杯坦陈碧螺春的一身香甜。

瓷制盖杯上釉，不易吸香隐韵，而在形制上具有较大的腹部空间，可让碧螺春的身躯在注水时充分翻扬，只要泡法得宜，盖杯的表现常常会令人惊艳：初闻，碧螺春的琵琶果树淡香，凝聚在杯盖，或热闻是一种诱人的果香；若冷闻，这是优雅的花果香，当茶汤缓缓由盖杯倒出时，又可见碧螺春的嫩绿身躯和如泉般的汤色，如胶似漆地拥抱热吻。

白瓷盖杯，匹配碧螺春的娇媚神态，才足以将它的

师法甘美况味（上）
盖杯表现令人惊艳（下）

清扬舒展。当然，瓷器的种类繁多，古瓷器中尤以明清时期盖杯品绿茶是与今日的白瓷盖杯一般平淡，不仅是杯器本身的价值，而是在上扬碧螺春的挥发，才知碧螺春为春天脚步的提醒！

唤醒茶器的新生命

品茗只有感觉才能理解，只有通过不同茶器的品饮，才会有更好的感觉。白瓷审评杯是一个指标，黑釉茶盏则是理解茶的滋味如何融化在感觉中的媒介。这也是过去绿茶做成蒸青团茶，成为点茶法中的要角，更借由茶杯的黑釉凝结美和理性的精神。回首宋代曾为点茶而生的黑釉茶盏，昔日点茶的生活艺术，与如今的碧螺春茶的千年邂逅，那节节生展的律动，唤醒茶器的新生命。

在点茶的程序中必须注意每一个细节，若稍有差池，点茶活动就会前功尽弃。每一个程序都代表品茶者对茶性的了解，以及对所用茶器的灵活掌控，也代表文人对自我内心的要求。点茶可以跨越对现实的不满，更期待在击拂茶汤时看到茶汤如幻影般的变化，带来心灵的满足与安逸。

四艺在宋代已成为文人身份的符号，因此，能够有闲从事点茶活动者，必走上精益求精之途，并成为自我成就或是炫耀的一种方式。通过点茶，进入一种自我的挑战，从《清异录》及《茶录》的记载，可看出点茶活动中的趣味横生。

点茶活动的趣味中，看起来是一种无所谓，却又隐含着极为理性的精神，这可从点茶讲究的程序中探出其中奥妙。时代情境的品茶文化，上自皇帝到士大夫，下至民众的集体爱茶、点茶更造就了对点茶程序的讲究，回顾一道又一道点茶工序，其间隐含的理性精神更说尽了文人雅士追寻他界的意境。如是内省的品茗精神，碧螺春带来春天气息，浸润在黑釉茶盏深厚的隐含，令人玩味。

点茶的理性精神

　　从点茶工序来看：点茶要熁盏，即将茶盏置于火上烤得温热。盏热能保持盏体温度较高，便于乳沫黏着。点茶碾罗要细。唐人煎茶，罗眼较粗，茶末一般是细粒状；而点茶则要求精碾细罗。宋代罗眼细密，过罗茶末如粉状。粉状茶末击拂后乳沫极细密，黏着性强，故着盏耐久。看来，点茶也能砥砺人的精益求精精神，需有宁静之心而后能致远。点茶求胜之心虽强，但又极具沉潜细致的理性精神。

　　点茶的规定虽繁复，但不外乎在穷其精、求其美，反映点茶穷究之理的本质，以及通过点茶找到人本内心的欲望渴求，更希望借着每一回的点茶带来心情的愉快及感官的享受。这也反映了宋代理学兴盛的实况。"天下之士，立志清白，竟为闲暇修索之玩。"点茶亦可喻理，茶汤"咬盏"，可喻敬诚守一；而茶色尚白，可喻志气清白。点茶，既是一种雅玩之艺，也是一种穷究之理。

　　今人将绿茶随意置于黑色茶盏，是方便却不能随便，可以随意却不能任意。黑茶盏的老是智慧之精，启发了绿中黑的对比的清醒，这道清醒的春光，就是由杯器走入修心的清白，这时知黑守白、紫气东来的充沛，就在品茗捧盏中。

唤醒茶器的新生命（上）
点茶的理性精神（下）

点茶，可以延伸一种人生道理。在茶汤咬盏的过程中，原本作为胜负的关键，谁点的茶咬盏不足，就代表点茶者在击拂茶汤时并没有将茶与水融为一体，取得适当的密度。因此，可将"咬盏"比喻为"敬诚守一"，其实就是在告诉点茶者必须重视点茶的细节，否则光具备了好的茶器或是优质的茶粉，也无法使茶与水如胶似漆，精准点茶，遑论击拂出浮花般的茶色，让茶汤的白与茶盏的黑互为对比，更难利用茶色的白来表现"志气清白"。

茶色白喻清白

茶色的白，又可从两个面向来看：一是来自内心志气的表白；二是点茶击拂调汤的成功。关于后者，常被后人解释成点茶的关键点，在宋代诗词中也有相关描述，如梅尧臣"斗浮斗色顶夷华"，意指点茶就是在斗"浮"与斗"色"。

"石鼎点茶浮乳白"，所指的也是点茶时能够让茶汤面色呈现纯白色，以现代科学分析来看，就是不发酵的绿茶碾成粉之后，经过竹筅击拂，使茶叶粉末中所含的果胶与儿茶素产生变化，形成白色的乳沫。

今之绿茶的儿茶素含量高，冲泡时的释放亦非抹茶的全然成粉，品者全数喝尽，只是借着黑釉茶盏的热情，驱使碧螺春的细致更精，见微知著的黑釉茶盏飘浮婆娑的碧螺春身影，回看茶盏曾经拥有的细致，带来精神娱乐的趣味！

点茶产生的浮花惟有在黑色茶盏里最抢眼，其间所产生的趣味娱乐性散见宋代诗词；尤以宋徽宗《大观茶论》论述详细，今日探索点茶娱乐性所在，必须对北宋的饮茶盛况有所了解："尝谓：首地而倒生，所以供人求者，其类不一。谷粟之于饮，丝枲之于寒，虽庸人孺子，皆知常须而日用，不以

黑与绿的共鸣

时岁之舒迫而可以兴废也。至若茶之为物，擅瓯闽之秀气，钟山川之灵禀，祛襟涤滞。致清导和，则非庸人孺子可得而知矣。中澹间洁，韵高致远，则非遑遽之时，可得而好尚矣。本朝之兴，岁修建溪之贡，龙团凤饼，名冠天下。而壑源之品，亦自此而盛。"

盛世之清尚

品茗盛况空前，茶成为每天不可或缺之物。但作为一般俗事，品饮下肚之外，茶还有更精致而细微的精神内涵。《大观茶论》云：

> 延及于今，百废俱举，海内晏然，垂拱密勿，幸致无为。缙绅之士，书布之流，沐浴膏泽，熏陶德化。盛以雅尚相推，从事茗饮。故近岁以来，采择之精，制作之工，品第之胜，烹点之妙，莫不盛造其极。且物之兴废，固自有时，然亦系呼时之污隆。时或遑遽，人怀劳悴，则向所谓常须而日用，或且汲汲营求，惟恐不获，饮茶何暇议哉！世既累治，人恬物熙，则常须而日用者，固久厌饶狼藉。而天下之士，励志清白，竟为闲暇，修索之玩，莫不碎玉锵金，啜英咀华，较筐箧之精，争鉴裁之别，虽下士于此时，不以蓄茶为羞，可谓盛世之清尚也。呜呼！至治之世，岂为人得以尽其材，而草木之灵者，亦以尽其用矣。

宋徽宗说茶是吸取河川灵秀之气，可以洗涤胸中郁闷，让人得到清和之气，一般人是很难去了解的。至于茶可以有更高的境地，可以带来简洁高尚，在一般忙乱的世俗生活当中是难以欣赏的。今以绿茶和黑釉茶味之淡，并非冷然希音，是一种标榜茶境的香格里拉，还是尘世沉淀积累的平和。

山岚不负的唤醒

碧螺春水·洞庭悠色

　　品茗本能化地细致入微，才能理解归结与宋代茶盏的相知相惜，不只是昔日团茶，必须经由碾细击拂才能品味，才能在从容惬意中找到任意的舒缓。今人无暇如是费工，那么将碧螺春放入茶盏内，赏茶之外形，水过碧螺春翻滚，不正浮现洞庭湖山岚水色的唤醒。黑釉茶盏带来的即兴，在墨黑釉色中由视觉走向知觉。

　　白瓷杯与黑釉盏，不同的单色釉，共同衬托绿茶的娇嫩。白瓷渗透翠绿精湛明亮，不稍修饰；黑釉凝结鲜醇，崇育柔和，色阶交错若重奏的音阶交错。（注14）

茶境的香格里拉

评定绿茶品质参考标准

项　目	等　级	品质特征
外形	甲	嫩绿、翠绿，细嫩有特色
	乙	墨绿、色稍深，细嫩有特色
	丙	暗褐、陈灰，一般嫩茶
汤色	甲	嫩绿明亮，嫩黄明亮
	乙	清亮、黄绿
	丙	黄暗
香气	甲	嫩香、嫩栗香
	乙	清香、清高、高欠锐
	丙	纯正、熟、足火
滋味	甲	鲜醇柔和，嫩鲜，鲜爽
	乙	清爽、醇厚、浓厚
	丙	熟、涩浓、青涩、浓烈
叶底	甲	嫩绿、明亮、显芽
	乙	黄绿、明亮
	丙	黄熟、青暗

注14：评定绿茶品质参考标准，《茶叶审评指南》，北京：中国农业大学出版社，1998。

8章

[白茶]

青花的魅影

茶香唯轻，须鉴，须品，须充分以器发茶，而后感知其美。

白茶疏香皓齿有余味，体默心灵悠然而远，淡然而微，幽然而去。

白茶较绿茶色更精、更淡，需精妙品辨。

洞悉精致之极在于『淡』，看茶色如浮白云，闻茶香若晴空下白云悠悠。

青花杯的历史厚度

白茶只经萎凋与干燥两道工序，少经雕饰，是种含蓄与完美的天然滋味。尤以外形松展自然，叶芽白色的茸毫与青花瓷杯的天然寂静无声，开出一片智性的空间，进而创出和青花瓷杯交流的共像。

青花杯深具历史厚度，在表现品茗时，不只是为白茶而存在，它们可以在制用茶时勾勒出恒定关系——茶主人的决定，但将色深的茶汤遮掩青花、封闭青花釉色中的娇翠欲滴。又以白茶茶汤杏黄明亮度最能体现青花在杯中跳跃活现。

元、明、清三代的青花瓷表现非凡，其间青花瓷杯器小，质地紧结，胎骨晶莹透亮，釉表绘有各色花草图案或诗文，被品茶人视为珍品。

用右手拇指、食指拿住杯缘，中指托住杯底圈足，器形小巧，可集茶香。清亮白茶，流泻在青花图案，脱俗可人，在明代就受青睐。

许次纾《茶疏》记载："茶瓯古取建窑，兔毛花者亦斗，碾茶用之宜耳。其在今日，纯白为佳，兼贵于小。定窑最贵，不易得矣，宣成嘉靖，俱有名窑，近日仿造，间亦可用，次用真正回青，必拣圆整，勿用咇窳。"

许次纾弃黑从白，推举定白瓷杯，并列明宣德、成化时名窑出好青花杯，而在历代文献中亦多见推崇。

蓝白相映的流动美学（左页）
青花杯具的历史厚度（上）

苏渤泥青深邃多变

　　明代青花瓷杯分别出现在官、民两大系统。民窑青花随意风雅。例如，一件明花鸟纹杯，器表花鸟线条因青料发色呈渲染，鸟与花的绘画风格与八大山人相似，这是八大山人画风对民窑画风的影响。又一件青花杯上绘有八卦纹饰，可见当时道教在嘉靖、万历时期的风行。

　　当明代青花纹饰成为杯器的焦点，物换星移时它转换，将今日茶任意置入青花杯中、提壶注水，只见白茶流转和青花的流动。

　　明代以青花釉药为底色的瓷器，至今仍像一朵璀璨的花，屹立于陶瓷世界。

　　明式青花瓷器迷人之处，在于它所使用的青料，可远溯至郑和下西洋带回的"苏渤泥青"。它的原料是一种含钴矿物，使用在瓷器上能够使单一青色产生多层次感，就像是水墨画，看似只有黑白分明，细看却是蕴含层层深邃而多变的情境。

　　在画工上，明代青花常刻意夸张，突显画面的某一细节，例如：一个坐在风炉前欣赏茶树的品茗者，画王刻意以夸大的茶叶比例来表达一种画面的信念。又好比一个青花杯上的花兔纹，兔身位置约占整个杯身的四分之一，这都是明式青花画工的一种趣味。

　　以鱼为主题的画风出现在明式青花杯里，让人想起八大山人或石涛在水墨画里的意境——"至人无法"，也就是画工技法已达一种超脱之境，因此他所画的鱼已无法用世俗的标准加以评断。

　　青花杯为器，细繁结合成道。在明代流行煎茶后的日本，因茶器结合成煎茶道，引入中国文人以"茶为物至精"的精致品茗方式，亦引入青花杯器，将看似宏大的茶席，勾勒出繁中见闲。

　　青花杯所用青料之色，历经元、

青花瓷杯被品茶人视为珍品

明、清三朝，有苏渤泥青、平等青、云南四青料等不同的青花色料，展现蓝白相映的流动美学。青花杯不只是品茗，更关乎生活品位！

胎体洁白透明，釉色湛蓝鲜艳，绘工装饰引人入胜，巧妙引入茶香的飘逸。青花瓷输出中国文化底蕴的蓝海，日本煎茶道深受感染。

隐元和尚（1592~1673，俗姓林，名隆琦，字曾昺，号子房，福清县人，清顺治十一年〔1654〕率弟子应邀赴日本传教）将明代煎茶法引进日本，强调这是文人墨客的趣味，品饮可以不像抹茶道那样拘泥于形式，在饮茶之际可同时赏玩文物、诗画。到了江户后期，煎茶道产生规制，注重礼法与用器，并形成"游艺化"的世道流行，以致在明治时期不减反增，借由大量茶会活动，聚集同好，一边品茗，一边品赏文物。

东瀛煎茶要角

缘起于中国明代文人茶，成为日本煎茶道的基础，煎茶道的参与者，他们十分珍惜、重视如是的品茗文化活动，进而在每次茶席（茗宴）活动时，或借绘画、文字记录茶会的点滴。像传世的《茗宴图录》《青湾茗宴图志》《青湾茗宴书画展观录》和《圆山胜会图录》等，更是供今人比照的素材。

2008 年台北故宫的"探索亚洲——故宫南院首部曲特展"中，展出 1801 年

陶瓷世界璀璨的花（上、中）
八大山人之鱼鸭图卷（下，局部图）

刊行的《煎茶早指南》，即是记述明治时期的煎茶道泡法及使用的茶器，当时与会人士所用器具、摆放位置、观赏的书画内容，全以图文并茂的方式呈现。这时期是煎茶道的兴盛期。

而到了大正末年、昭和初期，煎茶道的清雅逐渐被玩物藏物的风气所影响，偏离了原本的兴致，多了些商业的气息，引发了文物业者计划性地从中国输入煎茶用器，而杯器便是其中的主流。中国各地各窑的茶杯成为日本茶人的梦幻逸品。

煎茶道脱离抹茶道的严谨规范，借由茶宴的进行享有文人潇洒趣味，在茶杯的表现中，大抵以青花瓷杯最为切题，具有去俗清风的意境。

相对于抹茶的严谨，对用途、器物、尺寸的严格要求，煎茶道强调以"用"有美。从抹茶道的茶盏，更能赏析中国宋代单色釉的幽邃沉静，这和煎茶道的奔放飘逸，呈现不同的风格。

赏美的最高标准

抹茶的茶盏以黑釉为上，可以清楚地看到茶的浮花泛绿，欣赏茶盏的宁静。
青花杯以其清新为品茗注入闲情逸致。青花杯来自中国景德镇，特别是出自民窑的民间青花杯，简易简单，随意点出花草生命，运笔畅行，所绘的人物更能看出随意、不做作的自然笔触。出自民间窑口的青花瓷器，恰

文化底蕴的蓝海（上）
青花魅影（下）

与中国明代官窑器的工整凝重，清代官窑繁复绘画的不同。中国茶器的使用泾渭分明：官窑系统精致而严峻，而民间使用青花瓷器潇洒随意，符合明代文人的审美趣味，也构成日本煎茶道的闲逸。

木刻版印《茗宴图录》，茗宴内所用茶器与中国文物，以线条勾勒出来，可作为今人怀旧的线索。日人富田升在《近代日本的中国艺术品流转与鉴赏》中指出："《茗宴图录》是木板印刷的茶席和展示席的装饰图录，上面记载着展出用具的详情。最初是明治初期的《青湾茗宴图志》和《圆山胜会图录》等，以后，仅主要的图录就有六十多种。明治一十年代、二十年代达到高峰，发行截止于大正末，像是与抹茶的交替。"

《茗宴图录》不单写实记录当时的茶席活动盛景，日本人在茶席中有使用中国文物的偏好，并以此奉为赏美的最高标准。在日本茶道中，青花杯撑起一片天。

宫廷青花杯

现存日本静嘉堂藏煎茶具名品中的藏品，包括青花蟠龙纹茗碗（明末～清，高4.1厘米，口径7.1厘米）、青花吉马纹茗碗（明末～清，景德镇窑，高4.6厘米，口径6.7厘米）、青花宝华纹茗碗（明末～清，高4.2厘米，口径6.5厘米）、青花铜纽纹茗碗（明末～清，高4.6厘米，口径5.8厘米）、青花腰雁木纹茗碗（明末～清，景德镇窑，高4.5厘米，口径5.7厘米）、青花王羲之纹茗碗（明末～清，景德镇窑，高3.6厘米，口径6.5厘米）、青

玩物藏物生活品位

花夜半钟声纹茗碗（明末～清，景德镇窑，高4.3厘米，口径5.9厘米）。

煎茶要角青花杯，曾是文人墨客玩赏之器，这些出自中国景德镇窑的青花杯，恰与宫廷的青花杯器构成蓝白为中心的清穆与古雅。

收藏于台北故宫的明成化青花番莲纹茶碗，和另一青花番莲纹茶盅，器表自涌皇室贵气。

青花花色纹色对称、流利，生动勾勒花草轮廓线条，应是宫廷绘工精心杰作，细致的涂色似在画布上设色。即使民窑青花茶盅，大胆突破官窑图案的局限，民间常民文化的艺术风格跃然茶杯杯体。高42毫米，口径90毫米，青花人物瓷杯的人物是戏剧扮演的角色，落落大方，生动活泼。

茶盅弥足珍贵

青草叶瓷杯运笔自若，纯朴的枝叶不正是老练水墨画家以中锋运笔的妙境，怎见杯体上曲直、左右、疏密、聚散的变化。

皇帝的品茗用器，在今故宫博物院所藏可见本尊，其中茶杯的名字叫做"茶盅""茶碗"，此乃依故宫陈设档品名，盅与碗因袭了宋以后茶盏的规制传承，口径10~11厘米之间，这也有别于南方功夫茶杯的小巧口径。

笔触随意不做作〔左〕
东瀛煎茶要角〔右〕

　　台北故宫博物院出版的《也可以清心：茶器·茶事·茶画》中记录："雍正年间曾命烧制珐琅彩瓷茶壶、茶盅或茶碗，这些珐琅彩器，从康熙时期开始，皆一器二地制作。器胎在景德镇御窑场烧成白瓷后，再运至圆明园造办处由宫廷画匠，以珐琅彩绘画图案，二次低温烧成。当时各式花样大多仅烧制一对，绝少大量生产，因而此类珐琅茶器弥足珍贵。参照《珐琅、玻璃、宜兴、磁胎陈设档案》内资料加以核对，如'磁胎画珐琅节节双喜白地茶壶壹对''磁胎画珐琅时时报喜白地茶壶壹件''磁胎画珐琅青山水白地茶壶壹件''磁胎画珐琅墨梅花白地茶盅壹对''磁胎画珐琅墨竹白地茶盅壹件''磁胎画珐琅玉堂富贵白地茶盅壹对''磁胎画珐琅黄菊花白地茶盅壹对''磁胎画珐琅万寿长春白地茶碗壹对'等记录。"

　　《珐琅、玻璃、宜兴、磁胎陈设档案》记载乾隆朝珐琅彩瓷胎茶器："磁胎画珐琅锦上添花红地茶碗壹对""磁胎画珐琅芝兰祝寿黄地茶碗壹对""磁胎画珐琅尧民土酿茶碗壹对""磁胎画珐琅山水人物茶盅壹对""磁胎画珐琅番花寿字茶盅，壹对""磁胎画珐琅三友白地茶碗壹对""磁胎画珐琅白番团花红地茶盅壹对""磁

散逸历史品旅（上）
功夫茶杯的小巧（下）

胎画珐琅白番花蓝地茶盅壹对""磁胎画珐琅五色番花黑地茶盅壹对""磁胎画珐琅红叶八哥白地茶盅壹对"。陈设档内录有"茶碗"与"茶盅"两式,比对二者之间器形、尺寸,并无多大差异,称为"茶碗"者,通常口径在 11 厘米左右,"茶盅"为 10 厘米左右,其他高度及足径则无明显差异。

清朝皇帝品茗用大杯叫碗、盅。杯形大小和品茗的视觉互见其趣。

清代《陶雅》记载:"雍乾两朝之青花,盖远不迨康窑。然则青花一类,康青虽不及明清之浓美者,亦可以独步本朝矣。"《饮流斋说瓷》提到:"硬彩,青花均以康窑为极轨。"清《在园杂志》说:"至国朝御窑一出,超越前代,其款式规模,造作精巧。"

"分水皴"的神奇色阶

康熙朝青料,色鲜蓝青翠,明净艳丽,清朗不浑,呈宝石蓝色,款识"若琛珍藏"的一对小茶杯,胎釉洁白坚硬,胎体翼薄,胎与釉紧密结合。注入白茶,意将山水画有机结合成渲染的景象。

青花用渲染的"分水皴",以西洋透视手法设浓淡层次,以一种颜色表现不同浓淡色调,这也是提倡以笔蘸浓淡不同青料,水在脂上釉出"分水皴"的神奇色阶。《陶雅》说:"其青花一色,见深见浅,有一瓶一罐,而分至七色九色之多,娇翠欲滴。"

娇翠欲滴青花杯是山水,是品茗的境界,是艺术审美形态。

山水画有机结合(上)
五彩青花杯(下)

由于美的开始非梦事，诸艺相通，茶清人心神，杯悦人性灵，一套花神杯就使茶境类乎在四季花境里的即兴。用一杯列一花，每花杯写五言、七言诗景致，用来品饮轻隽赏玩，诗语画境渗在悠悠白茶杏黄的亮汤色中，虚虚淡淡的甜香在青花杯中呢喃……

五彩十二花神杯

康熙青花杯中的"五彩十二花神杯"，胎身极薄，绘上花草水石，并以青花书写五言或七言诗句：

一月——梅花："素艳雪凝树 清香风满枝"

二月——杏花："清香和宿雨 佳色出晴烟"

三月——桃花："风花新社燕 时节旧春农"

四月——牡丹："晓艳远分金掌露 暮香深惹玉堂风"

五月——石榴花："露色珠帘映 香风粉壁遮"

六月——荷花："根是泥中玉 心承露下珠"

七月——月季花："不随千种尽 独放一年红"

八月——桂花："枝生无限月 花满自然秋"

九月——菊花："千载白衣酒 一生青女香"

十月——兰花："广殿轻香发 高台远吹吟"

十一月——水仙花："春风弄玉来清昼 夜月凌波上大堤"

十二月——腊梅："金英翠萼带春寒 黄色花中有几般"

杯是天然的寂静无声，却在青花无数身影中冒出生气，通过茶杯的渠道，进入青花感知的印痕。

古器今用回味无穷

白茶轻描淡写，春暖翻心宇，愿携青花杯做清饮。

不是吗？看康熙王朝的青花瓷杯独树一格，胎釉精细，青花鲜丽明爽，而赢得赞誉。这也是明式青花杯所表现的一种至人的情境，一种跳脱窠臼思维的呈现。由青花杯的历史轴线中，去发掘器物的再生，给予生命就是古器今用，出现的品茗有感，回味无穷。

这就好比品茗时用的闻香杯应该都是筒状的较易聚香，事实上，以天然釉药制成的明式青花茶杯，其形制为敞口，在使用时所留下的香气却更悠远细致。通常以薄胎杯适于品饮高山茶，因为薄胎聚香，但拿来与明式青花杯比较，可发现厚胎的明式青花杯更能持盈保香。

品茗除了好水好茶好壶，到了末端的品茗杯，在入口的

白茶轻描淡写

青料色阶层次多

刹那间，茶香的涌现，茶汤的滋润，杯底的余香，都在在拨弄着品茗者对茶的认知，难道你可以在品茗活动中忽略了这一环吗？（注15）

评定白茶品质参考标准

项 目	等 级	品质特征
外形	甲	芽肥长，茸毫均布，银白
	乙	芽尚肥长，有茸毫，尚白嫩
	丙	芽瘦小，有茸毫
汤色	甲	杏黄明亮
	乙	深黄明亮
	丙	黄暗
香气	甲	甜香浓郁
	乙	有甜香
	丙	陈闷
滋味	甲	甜和
	乙	醇和
	丙	熟闷
叶底	甲	肥嫩，杏黄
	乙	尚嫩，深黄
	丙	瘦小，黄褐

注15：评定白茶品质参考标准，资料来源：《茶叶审评指南》，北京：中国农业大学出版社，1998。

9 章

[黄茶]
青瓷的发色

茶汤形式是客观自然形成，与泡茶者应用主体茶建构的一种吻合。茶汤的浓淡，带有品茗者主观色彩，是品茗者对品茶经验、味蕾敏感所做出的组合，习惯于品高山乌龙茶，见清雅淡味的君山银针便主观认为『无味』；但是，『无味之味』是极致之味，就得经由客观形式的提炼，用茶杯的颜色来应对，这时黄茶的『淡』，恰处于青釉的青，所对应出绿的鲜爽。

青釉联结·闷黄熟甜

　　如是鲜爽共构关系，由绿茶身上展开，黄茶多了闷黄的熟甜。善用青釉联结黄茶，呈现方式就有了多元传达，不仅获得黄茶味觉甜蜜滋味，还拥有绿茶的清香不散。因杯的直观性，它能提供品茗可视、可品的浅层直觉；又因可触及青釉如凝脂的触感，品茗的主观心理打动内心直觉深层。

　　黄茶在揉捻前或初烘焙会加上一道"闷黄"工序，促使茶叶的茶多酚氧化，叶绿素分解，造成茶汤色变黄，更促进茶香由清香转熟甜，这便形成黄茶的特色。爱上黄茶，是绿茶本质认同而重购的滋味。它提醒品茗的自主性，要聆听黄茶所揭示一个本源性闷黄的知性后，黄茶必然和瓷色相知相惜。

　　内心的深层直觉是对茶、杯的提炼，是品茗者跃升对美的体味，是对品味的肯定保存。黄茶的直觉包容何物？一般用单一化的抽象演绎："淡"。这也是投影在淡而有味的魅力之中，如是赏析黄茶，便会使品茗之心意趋向单纯化，加深赏用隐潜的香、甘、活、纯的茶真味。

　　如何使黄茶杏黄茶汤在杯中发出明亮汤色，青瓷窑系烧制的青瓷杯婉约诉说了黄茶的高贵脱俗，不靠直视白瓷的呈现，而是在特殊青釉物质具体化黄茶的明亮。

　　发现青釉与黄茶的凝聚，只有拥有培养深刻视觉和味觉的非凡领悟，才是同步开启黄茶对青釉窑系杯器"色"的深度。

淡然之味，极致之味（左页）
青釉联结 闷黄熟甜（上）
品茗意蕴趋向单纯（下）

舞动发色魅力

学会看"色"的直觉形式，一旦具足了，就能以杯器和黄茶构成的意蕴，在杯器呈现存在方式中，超越本体单纯品茶的浅层直觉，内在心理震撼了深层直觉，产生了对青釉杯存在意味：青瓷益茶。

青釉的"色"如何形成？

青釉窑系中，又以越窑青瓷出名甚早。唐朝的陆羽评越窑瓷器的论点，并非单是对茶盏特有风格的礼赞，更为青釉和感官煮茶法得出茶汤色的基调，提供了一种调和方式。

越窑青瓷形制随时光演变，指涉成为茶器用品的碗与盏，又在釉色中舞动青釉的发色魅力，釉色变化主要是因在窑内摆设的位置与所受温度不同，烧成后出现釉色各异的青釉、青灰釉与青黄釉。

瓷器在氧化气氛中烧成，胎釉中的铁与足够的氧结合，处于高价铁（三氧化二铁）状态，就呈黄色；如在还原气氛中烧成，因火焰中的氧不足，就会把胎釉中氧化铁的氧夺去一部分，使釉呈青色。

由于古代青瓷釉料调剂凭着经验，使得釉中一氧化碳，作为青色发色剂的主角，总是出现波动。加上前述摆件所处窑口位置烧成气氛多变，因此青釉颜色无法烧成一致性。

从唐代茶盏实物中观察，可发现茶盏器形跟着时代变异。然，釉色却是活跃在每次窑烧成后的波动中。

回顾生碧色（左）
舞动发色魅力（右）

唐代碗腹加深

唐代早期，根据圈足的不同，可分为假圈足、圈足、平底和玉璧底四类形制。假圈足碗，侈口、微外翻、弧腹，也有浅腹和深腹；圈足碗，由假圈足碗演变而来，以侈口外翻、弧腹、不规整矮圈足碗居多；平底碗，均为直口、折腹，有圆唇、方唇与尖唇之分；玉璧底碗为敞口、斜腹、玉璧形底。唐代中期，玉璧底碗的数量增多，坦腹宽矮圈足碗，曾在象山南田海岛唐元和十二年墓中发现过。

唐代晚期，碗类演变至碗腹加深，圈足变窄，增高。有圈足碗、撇足碗、玉璧底碗等。水邱氏墓（901）出土的秘色瓷碗，侈口，弧腹，圈足。口呈五曲，曲下外壁折棱线，微凹，内壁凸出，釉色青绿、滋润。陕西扶风县法门寺出土十三件秘色瓷器，大碗、敞口、斜直腹，口呈五曲，曲下外壁划竖棱线，似五瓣

发散花色的幽情

花瓣，亦如一朵绽放的荷花。

五代时期，许多碗仿金银器风格制作。1979年，吴县七子山五代墓出土一碗，敞口，弧腹，圈足，釉色青绿。上海博物馆藏青瓷碗，直口，斜直腹，平底内凹，釉色青绿滋润。北宋时期，碗的造型有侈口深腹圈足、敞口斜腹小圈足、侈口弧腹卧足几种。深腹碗的圈足变窄而高，腹部下垂。如辽代韩佚墓出土的一件青瓷碗，口沿内侧划一周花纹带，内底划对鸣鹦鹉纹，釉色青绿。

宋茶盏腹变浅

唐代的盏可由外形看出时代风格。唐早期盏以侈口、弧腹，假圈足较多见。唐中晚期，演变成直口，弧腹，圈足，外壁往往划四条竖棱线。五代时，表现出侈口、弧腹，圈足变高。有的口部刻四曲，曲下划四条竖棱线。北宋早中期，盏的腹部变浅，有的内底画花纹，口至外壁压印竖棱线等装饰。北宋晚期，腹

杯器脱颖而出（上）
茶碗的娱乐性（下）

部稍深，圈足微撇。

辽代韩佚墓发现盏与托。盏托敞口、六曲，曲下外壁压印直棱线，呈花瓣形，高圈足。内壁画蜜蜂和花卉纹，内底置高托圈。盏放入托圈中，成为一套完美和谐的器皿。造型精美，釉色青绿，光泽晶莹，制作精湛。上虞市所藏的盏托，由托座、承盘和圈足组成。高托座面戳印成莲蓬状，周壁刻覆莲。盘口沿呈花口，面刻画水波纹，高圈足外撇，足端亦呈六曲口，釉色青润、光泽。

回顾生碧色

由历代青釉茶盏实体观察，每个时代窑口青釉都在波动变化，因而当古人吟唱"回顾生碧色，动摇扬缥青"指的鲜艳看绿色，不一定适

枯寂与鲜艳的搭配

用同一窑口，于是有青绿、青黄、深青、青蓝。因此，形容青釉茶盏色很多，并非针对某种釉色瓷器，而是广义的青瓷统称。

古诗的吟唱，今人眼前的青瓷，能以黄茶和青釉瓷杯来赏翠色的流光溢彩，茶香蹿入文化时空转换，茶与杯相互连动的伊始。

茶碗是娇艳欲滴鲜花停驻的身影，将扑鼻沁脾的茶香盛在茶碗中，又博得绝美的赞颂。茶碗若盛开的花朵，随风飘逸，是百花中众人所爱的佳丽！

今日用黄茶配以青釉瓷杯，更具历史价值。唐代煮茶法已难复再现，今日泡饮的黄茶可任意取得，那么青釉瓷杯把自己生命转化为承载茶汤器皿，器皿是茶汤历史的纪念碑，品味的形式经由历史纪念碑奠基。

珠光青瓷·冷酷之姿

以一件同属青瓷窑系的"珠光青瓷"茶碗来说，它在青瓷窑系中称不上"捩翠融青瑞色新"的精美，却只是宋代福建同安窑所产青瓷中，釉中闪黄、碗中带有篦纹的青瓷器，而器因人得名。"珠光"是日本僧人，也

珠光青瓷 冷酷之姿（上）
揭一味清静（下）

是品茶人，一个将青瓷茶盏釉色形制化约成"冷酷之姿"的茶道美学之中的日本著名茶人。

"珠光"是谁？日本品茶人远藤元闲写《茶之汤六宗匠传记》中说："珠光，和州奈良人，光明寺（或称名寺）之僧。此居年十余，二十四五岁时始，住京都于三条建小庵，为相（能）阿弥的花之弟子，得京家之便，求知音，天性爱茶道，欲亲睹唐代之茶。而企望于他，自然声名高扬，有茶道俊逸之誉，应慈照院义政公召见后还俗，于堀川六条鲛牛町之西建茶庭而居。"

珠光原系僧人，还俗后建茶庭而居，以简朴点茶法揭一味清静，法喜禅悦，以茶作为陶冶心灵的理想，他通过同安窑茶盏的形体，进入觉心静照而理出茶的雅趣精神。

枯寂与鲜艳的搭配

珠光云："茅庐系名马佳也，粗席摆名具良也，以其风体为趣也。"茅庐，粗淡的茶席，与此相对应的名道具则显得更奢侈，珍奇而鲜艳。这种枯寂与鲜艳的搭配，调解出古朴——闲苦之趣。所说的有茶味是有其古朴的风格。珠光还说"凡人的茶，只有其古朴之味即可"。珠光的茶汤精神却是在到达"冷枯"意境之前应该是华丽美好的，所谓"幽玄"精神，对斗茶的豪华与冷枯的

精美的承先启后（上）
精光显露，别有风韵（下）

比较中，方可见珠光的精神。

　　美好的意识是以期待美、追忆美和想象美为轴心，在"花未必盛开才美，月岂能难圆方佳？雨中思月，暮中不知春至更有哀情深"中，可发现新的美的意识，进而产生"月无云遮而嫌"的美的意识。

　　冈仓天心（1863~1913，日本明治时期的艺术家与评论家）说："茶道意在崇拜不完整之物。"茶的世界，经珠光吸收了与豪华的斗茶会相反的"茅庐名马"这样的比较美与"冷枯"式的不完整美，朝着幽雅茶的境地迈去。

　　珠光的"冷枯"反映在他所持茶具。茶盏，静静吐诉光辉，正若苏东坡诗："静故致群动，空故纳万境。"1588 年写成的《山上宋二记》记载："珠光茶碗，传置总见院殿时代，因火灾而遗失。唐物茶碗也，菱宝、篦纹有二十七，由宗易转至三好实休，在代千贯、萨摩屋宗忻处，尚有口传。"

猫爪纹写意云彩

　　珠光茶碗是因人命名而得名，而此茶碗经今人田野考证出自福建同安窑生产，亦是青瓷窑系的一支。碗的釉色青中闪黄，器表经由竹篦划出的纹路，似写意云彩，或象征花卉，日本陶瓷称此为"猫爪纹"带有几分诙谐。

　　有关珠光青瓷系与龙泉窑系同源，龙泉窑青瓷在南宋晚期进入另一高峰。由浙江南部向福建扩散，从闽北到闽南的厦门附近同安一带，都烧造龙泉系青瓷。珠光青瓷即源生于此间。

　　龙泉窑青瓷的烧造，具有刻划花的地域性风格。这种青釉刻划花作品，碗内外

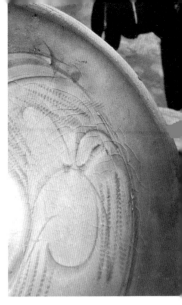

以明快的刀法，画流畅的莲花纹饰，有时在碗的外壁，刻以放射状直线，由足底为中心，向口沿外侧散射出去。这种刻划风格是受北方青瓷窑口的影响。耀州窑对江西、广东与浙江龙泉的影响，福建同安窑的青瓷风格也是传承这窑系的风格特色。

珠光青瓷的产地很广，整个福建地区和浙江南部的窑场，在元代都生产这种青瓷，称为"同安窑系青瓷"。这类青瓷最精美的还是龙泉窑产品。龙泉窑修足规整，器足内外施釉，而福建诸窑的作品，足内底多无釉，有时器外近足处无釉。

猫爪纹写意云彩

珠光青瓷的青釉闪黄，曾被冠以"黄龙泉"之名，但系后人望色生义而非另有不同窑系才对。

厚而不流·丰满古雅

龙泉青瓷釉层丰厚，式样优美，釉质柔和滋润，有如美玉雕琢。有关龙泉窑的生产工艺，明代陆容（1436~1494，字文量，号式斋，太仓人）在《菽园杂记》中说："泥则取于窑之近地，其他处皆不及。油（釉）则取诸山中，蓄木叶烧炼成灰，并白石末，澄取细者，合而为油。大率取泥贵细，合油贵精。匠作先以钧运成器，或模范成型，俟泥干，则蘸油涂饰。用泥筒盛之，贲诸窑内，端正排定。以柴篆日夜烧变，候火色红焰无烟，以泥封闭火门，火色绝而后启。"真实记录了龙泉窑情境。

明代龙泉窑的特色：光泽柔和的粉青色釉，与碧绿的梅子青釉是釉料的改进，上釉技能的提高，烧成气氛的有效控制。根据化验结果，此时期的青瓷釉中氧化钙的含量比北宋时期低了许多，而二氧化硅与二氧化钠的含量却提高，因而使青釉厚而不流，釉内气泡不致变大，获得一种丰满古雅，有如美玉一般的釉色。

鹅皮黄别有风韵

青瓷釉料中含有一定的铁氧化物，所以在氧化气氛中烧成时，釉便呈现出不同程度的黄色，这也是探索"珠光青瓷"的青中带黄的釉色源起。青瓷是在还原气氛中烧成的，随着还原气氛的强弱，釉便呈现出不同程度的青色。窑的结构，木柴的种类与干湿度，都会影响釉色。所谓灰黄、鹅皮黄、蜜蜡、芝麻酱、淡蓝、青灰、青褐、墨绿、紫色等各种釉色都会出现。其中蜜蜡、鹅皮黄、芝麻酱等黄色釉，精光显露，滋润如堆脂，别有风韵，虽有"黄龙泉"之称，确是望文生义的产物。

珠光青瓷茶盏的实体，满载着品茶人悟茶之神韵。积釉的纹饰，黄中带青的"冷枯"，正是艺术造诣中所寻的"遇之自天，冷然希音"。

品黄茶的闷黄之味，原以为是一种冷然，当青瓷茶盏在窑内火焰光谱两极带

崇拜不完整之物

评定黄茶品质参考标准

项　目	等　级	品质特征
外形	甲	芽肥壮，满披茸毫，色杏黄
	乙	芽欠肥壮，有茸毫，色暗绿
	丙	芽瘦薄，有茸毫，色灰暗
汤色	甲	杏黄明亮
	乙	黄深
	丙	黄暗
香气	甲	浓甜香
	乙	尚甜香
	丙	熟闷
滋味	甲	甜醇柔和
	乙	欠甜醇
	丙	闷熟味
叶底	甲	显芽，黄亮
	乙	芽大小不一，色黄
	丙	黄暗

中，忽以青润→翠色→嫩荷→青黄→青灰→深青广泛地渗入诗人、文人赏色雅兴之中。

青瓷益茶得其色，在唐已有盛名，今人无缘以团茶碾粉入锭煮茶，却可以黄茶的黄甜之色对应青瓷茶杯，正如王羲之对自得生命吐露光辉的诗歌："山阴道上行，如在镜中游。"青瓷釉色是静照的起点，茶汤在盏中光明盈洁，品茗赏心，珠光的冷枯雅趣，是清明鲜爽的……（注16）

注16：评定黄茶品质参考标准，《茶叶审评指南》，北京：中国农业大学出版社，1998。

厚而不流 丰满古雅

青瓷飘逸风韵

10章

［青茶］

薄胎的挂香

品茶不能单用理智来把握，洞悉青茶种种，懂得用薄胎杯取挂香，却少了用整体心灵和想象力去品味茶，那么茶香只是欲望的引动，青茶的发酵，焙火的工序在理智中找寻平衡点，却隐含一股心灵喜乐的源发与制茶的联结想象。有了好瓷与薄胎杯，先不论窑口，先用心意品意境，再入茶之幽境。

青茶多样·慎选杯器

　　青茶主要产区分布在福建、广东，以及台湾。这也是品饮功夫茶主要的茶种，而品青茶善用紫砂壶的约制，砂陶婉约转化青茶的单宁，使茶香、活、甘、醇，而用来品味的杯器要深思熟虑，才可能满足青茶多样与多变的面貌。

　　青茶经由中度发酵而成。著名的青茶茶区有福建闽北武夷茶、闽南安溪铁观音、广东凤凰单丛，台湾从北到南有：包种茶、东方美人及乌龙茶。

　　茶常因茶种名称、种植地名或是贩售茶行、茶商定名，而衍生出五花八门的称呼叫法。例如同样以软枝乌龙茶种在台湾阿里山或梨山，就分别被冠上"阿里山高山乌龙茶"及"梨山高山乌龙茶"之名，使人误以为是不同的茶种。

　　茶种位移种植，例如：闽北矮脚乌龙茶移种到台湾北部，就地化成了台湾乌龙茶。同样地，将台湾软枝乌龙茶种再移到越南、缅甸等地方种，就成了"境外茶"。

　　厘清青茶名称谱系，简易的方法就是看茶叶外形。青茶在制成工序完成后呈现条索状与卷球状。条索状，以武夷茶、凤凰单丛、包种茶、东方美人茶为代表；卷球状，则以安溪铁观音、冻顶乌龙茶和高山茶等为代表。

杯口吐纳香气（左页）
转化青茶的单宁（上）

青茶焙火多样性

"大""小"杯的朦胧

不同外形的区隔,青茶还要加上焙火因素。青茶,因烘焙工序而形成不同风味的表现:产自同一地区的同一种乌龙茶,但因烘焙方式与烘焙火度轻、重不同。使用焙火方法不同,而有炭焙、机器焙。又有对茶烘焙程度不同,可分轻焙、中焙或重焙。

如何在诸多不同因子中找到青茶的好滋味?又如何能在诸多茶种名目里优游使用杯器,直指青茶茶汤,明白道出茶内质的灵光。(注17)

茶器的材质,历百年来常以宜兴壶为尊,以紫砂双球状结构土质来剖析青茶茶汤单宁的奥妙;但注入杯的器皿之开掘与体现,却充满着即兴和填充,以杯子既定容量,常用"大""小"杯的朦胧,造成承载茶汤付出的暧昧,因而短少了表现茶汤的香与味。

用杯器来统摄茶种带来的变数,发现青茶深藏的魅力,发掘杯器激昂的潜能。试以青茶选用茶杯之变数控制图加以说明。

评定青茶品质参考标准

项 目	等 级	品质特征		
外形	甲	重实,聚结,深绿油润	丙	尚紧实,色欠润
	乙	重实,深绿尚润	丁	欠紧实,色枯
汤色	甲	澄黄明亮	丙	黄欠亮
	乙	澄黄尚亮	丁	黄深
香气	甲	花果香细腻	丙	老火香
	乙	有花果香	丁	老火带粗气
滋味	甲	清爽鲜醇细腻	丙	炒麦香味尚适口
	乙	清爽欠细腻	丁	炒麦香味,带粗口
叶底	甲	绿亮,绿叶红边,肥软	丙	青暗
	乙	粗壮,红绿相映,尚亮	丁	青暗,粗老

注17:评定青茶品质参考标准,《茶叶审评指南》,
北京:中国农业大学出版社,1998。

青茶选用茶杯之变数控制图

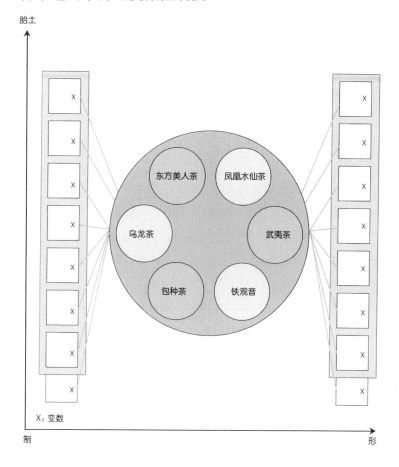

说明：

（1）中间圆形，系六种最具代表性青茶，按各种茶常态表现上层东方美人、凤凰水仙焙火重，其次是武夷茶、乌龙茶，再者是包种茶和铁观音（安溪铁观音以轻焙火出现，过往则是重焙火，台湾铁观音亦若是）。

（2）胎土所列变数，指的是杯器用高岭土、陶土等不同配方、烧结温度，涉及了对茶汤散发香味的传导性，而形制是指杯形是敞口或是缩口，直接影响茶汤香气的表现。

不同变数会影响茶汤的表现，可能是烧结温度，可能是釉药，在制成固定形制后，品茗时无法改变。但制杯严谨的背后，潜藏着严密的制作密码。

吐露举杯的解码

用杯品茗者借此催化杯与茶的共鸣，进而产生共生。品茗者可设下品茗在场时一种存在的"现时性"，那么如何掌握"当下"？要是在品茗用杯中找到停驻的曙光，而不是对杯器制作名气所迷惑或是反转在杯器的价格，那么品茗当下的现时性，就会吐露一次举杯的解码，试着将同一种茶的茶汤，放到不同的杯器中，观察体味现实茶香、茶味的起伏变化。

例如，高山乌龙茶注入敞口杯与束口杯，前者散热快，香气不持久；后者则凝聚高山茶茶香。这也是品茗时采用闻香杯、品饮杯的考量吧！但闻香杯的形制，本身就是一款变数。

杯子的器形、釉色存在变数关系：茶香飞舞扣合着茶的热泡引动茶的幽远芳香，闻起来既存在又虚无。用心掌握茶种和杯器的变数，找出固定位置的配合。

功夫茶器，讲的是泡茶的功夫，更讲究茶器的使用。功夫茶器中对杯子的要求更加讲究，独嗜此道的品茶人清嘉庆年间的俞蛟（1793~1800，字青源，号梦厂，山阴〔今浙江绍兴〕人，任广东兴宁典史）在《梦厂杂著·潮嘉风月》记述了在潮州韩江六篷船上喝茶情景："功夫茶，烹治之法，本诸陆羽《茶经》，而器具更为精致。

吐露举杯的解码（左页）
乌龙高香 杯面馥郁（右页）

炉形如截筒，高约一尺二三寸，以细白泥为之。壶出宜兴者最佳，圆体扁腹，努嘴曲柄，大者可受半升许。杯盘则花瓷更多，内外写山水人物，极工致，类非近代物……炉及壶盘各一，杯数则视客之多寡。杯小而盘如满月。"

秋宜荷叶杯

杯小而盘如满月，是品功夫茶精致度的表现，周凯（？～1837，字仲礼，号芸皋，又号捞虾斋，别署内自讼斋，浙江富阳人）在《厦门志·风俗篇》中说："俗好啜茶，器具精小，壶必孟公壶，杯必曰若深杯。"

潮州的功夫茶，对茶器特讲究，对茶杯的要求是按时序季节来区别的。翁辉东在《潮州茶经·功夫茶》中说："茶杯以若深制者为佳，白地蓝花，底平口阔，杯背书'若深珍藏'四字。此外，还有精美小杯，直径不足一寸，质薄如纸，色洁如玉，称'白玉杯'。不薄不能起香，不洁不能衬色。目前流行的白玉杯为枫溪产，质地极佳。四季用杯，各有色别；春用'牛目杯'，夏宜'栗子杯'，秋宜'荷叶杯'，冬宜'仰钟杯'。杯亦宜小宜浅；小则一啜而尽，浅则水不留底。"

若深（琛）杯，落款"若深"（若深是清康熙景德镇制瓷名家，"若深珍藏"则以民窑瓷器款识）的制作为佳。但因若深名气太大，就像制壶界的"孟臣"一样，凡制青花杯者莫不在底款书写"若深珍藏"款识以提高身价。

关于"若深珍藏"，陈香白（广东省韩山师院潮汕文化研究中心副教授）《潮州功夫茶概论》中说："茶杯之最著名者是康熙年间制作之'若深杯'属青花瓷类，落款为'若深珍藏'。以'若

功夫茶品真香

深’为号的康熙年制青花瓷题铭还有‘庆溪若深珍藏’‘西朱若深珍藏’数种。”

薄胎表香·各有千秋

今人使用功夫茶杯，以白瓷杯为主，以其外观博得不同称谓，如：白玉令、白令杯、牛目杯，有小、浅、薄的特点。白能衬色，薄能起香，潮州当地人按季节用杯：夏天使用杯口微外侈的"反口杯"；冬日口不外开。

青茶的挂香，薄胎最易表现：著名的青茶又细分香味，各有千秋。试以武夷茶、乌龙茶、铁观音三款间的微细差异说明如下：

有关武夷茶。鉴赏武夷茶首在品"岩韵"，历代文人雅士莫不穷究这种美妙韵底！清嘉庆年间进士梁章钜写《归田琐记》，将武夷茶的风韵归结为"活、甘、清、香"四字。后来茶师进一步诠释"香、清、甘、活"的岩韵如下：

（1）香：武夷茶香包括真香、兰香、清香、纯香。表里如一，称纯香；不生不熟，称清香；火候停匀，称兰香；雨前神具，称真香。品饮武夷茶闻香时，各人有各自的感受："茶香馥郁具幽兰之胜，锐则浓长，清则幽远。""其香如梅之清雅，兰之芳馨，果之甜润，桂之馥郁，令人舌尖留甘，齿颊留芳，沁人心脾。"

（2）清：指茶汤色清澈艳亮，茶味清醇顺口，回甘清甜持久，茶香清纯无杂，没有"焦气""陈气""异气""霉气""闷气""日晒气""青草气"等异味。香而不清的武夷茶只算是凡品。

（3）甘：指茶汤鲜醇可口，滋味醇厚，会回甘。香而不甘的茶是"苦茗"，不算好茶。

（4）活：指品饮武夷茶时

功夫茶讲究茶器

的心灵感受，这种感受在"啜英咀华"时需从"舌本辨之"，并注意"喉韵""嘴底""杯底留香"等。

清朝袁枚《随园食单》有生动描述："余游武夷，到幔亭峰、天游寺诸处，僧道争以茶献。杯小如胡桃，壶小如香橼，每斟无一两，上口不忍遽咽，先嗅其香，再试其味，徐徐咀嚼而体贴之，果然清香扑鼻，舌有余甘。一杯之后，再试一二杯，令人释躁平矜、怡情悦性，始觉龙井虽清而味薄矣，阳羡虽佳而韵逊矣，颇有玉与水晶品格不同之故。固武夷享天下盛名，真乃不忝（名不虚传），且可瀹至三次而其味犹未尽。"

香、清、甘、甜四字如点穴，道尽武夷岩茶鉴别之法；然在无法试饮下，如何由外形定好坏、分高下呢？

事实上，品鉴武夷岩茶除了看、品外，更具体品味武夷岩茶的口诀和分析如下：为"三看""三闻""三品"及"三回味"。

三看三闻三品

三看：用眼睛评断。一看茶叶的外观形状和色泽：好的岩茶外形条索应紧结

重实，条形匀整饱满，色泽青褐，润亮呈"宝光"，细看叶面有蛙皮状沙粒白点，俗称"蛤蟆背"。二看汤色：优良岩茶冲泡后茶汤色应是橙黄和清红，清澈明亮；浓茶呈鲜亮琥珀色。三看叶底：底片极软，叶边呈暗红色，中央青绿略带黄色。

三闻：岩茶泡开后要闻三次，第一泡闻岩茶香气的高低及有无异味。第二泡闻岩茶的香型，如肉桂呈桂皮香型，水仙呈兰花香型。第三泡闻香气持久度，好岩茶"七泡有余香"，大红袍"九泡不失本味"。

闻香时讲究"三口气"：不仅靠鼻子闻，而且将茶汤散发出的香气自口吸入，从咽喉经鼻孔呼出，连续三次，这样可以更细腻地品评香型，感受岩韵。

三品：指啜茶汤来评鉴岩茶的内质。一品火功，判别是"足火"或"老火"。足火的岩茶茶汤有糖香的甜味；老火的则有焦苦味。若茶汤带青草味，则是因火功不足所致。

二品滋味，看茶汤是鲜爽、甜爽、浓醇、醇厚、醇正，还是平和、淡薄，甚至粗淡、生涩、苦涩。个人对茶汤滋味喜好不同，一般而言，好岩茶汤入喉顺口滑润有活性，初品时虽有茶素苦涩味，但回甘明显。

三品岩韵，武夷茶"臻山川精英秀气所钟"，散发"岩骨花香"。虽然体会这样的韵味并非易事，却是品饮武夷岩茶最大乐趣。

乌龙高香·杯面馥郁

有关乌龙茶。当茶行老板让你喝一杯茶时，请不要一口饮尽，应该分段闻香：先轻闻杯面与中段的茶汤香，以及最后的杯底香。在试茶时，若闻到有浓烈的像是刚切割过的草青味，是采摘时遇上阴雨天。雨天湿度高，又无太阳可以晒青，制茶时难以驱除水分，让茶叶的内含物正常转化，因而影响茶香。反倒是晴朗天

武夷咀华　杯底留香（左页左上）
杯面香辨茶质（左页左下）
三看三闻三品（左页右）

观韵熟美 杯沿激嗅

气时湿度较低，对茶的香气与醇度有利。

接着拿起闻香匙或闻香杯，在喝完一杯乌龙茶后闻闻"冷香"，寻找一些讯息。冷香中的甜味表示茶的烘焙到家；若出现焦炭味表示茶的烘焙太急，没让茶与火交融；冷香若不带花香，那么，之前茶汤的香气就十分可疑，可能是以香精制成。

闻了茶香之后接着以杯就口，在品饮的过程中，可"茶"颜观色：茶汤颜色必须光明亮丽，表示制茶工序完备，已将茶的苦涩味去除，同时在烘焙时将茶苦水尽去，因此茶汤喝起来滋味清爽不闷。

许多人拿了茶杯只闻杯面香,忘了口腔中的滋味与回甘的香气,茶汤入口甜,反映茶叶里的含糖成分,回甘代表制茶手法精致,这就是茶喝得"很满口"的感受,如同品饮葡萄酒必须要有韵味(elegance),质佳的乌龙茶要有香气,也要有韵味。

闻香杯获共鸣

如何闻香，如何看叶底，都是分辨茶质好坏的关键。品饮时应让味蕾与茶汤充分接触，这也是将味蕾慢慢打开的方法，借着细细品味，分辨山头气，才能与茶互动。

柱状茶杯易聚香气，俗称"闻香杯"，很容易获得品茗者共鸣。茶香闻得到，品茗者还得用鼻子，加上用心，才能登临茶香世界！

"很香"是概约的说法，没有科学量化指数，却可很文艺气息地描述：花香指的是哪一种花？奶香又是哪一牌子的奶？香味，是无法用抽象的词汇来形容的。

闻香获共鸣

　　茶汤受杯器形制影响，薄胎、原胎瓷器的传热性、传导性都不一样，也会波及茶香。

　　薄胎杯，本身传热快，易发散香味，用来品高山乌龙茶有加成效果；厚胎杯保温好，品用中焙火茶，有加乘醇原汤汁效果。

　　瓷器制杯用来品用乌龙茶，易出清香味；若用陶器杯，尤其未施加釉的陶杯，则易吸走香气，故不建议使用。

观韵熟美·杯沿激嗅

　　有关铁观音。采用热嗅、温嗅、冷嗅相结合。茶的香气有品种香、地域香（也称风土香）和制造香。先嗅品种香是否突出，再区别香气高低、长短、强弱、纯浊。凡香气清高，馥郁幽长，皆为上品。

香气得靠嗅觉辨别，香气的出现，是茶叶本身含有芳香物质，这些芳香物质通过沸水滚泡而挥发，若开水温度不够高会影响香气。挥发的芳香气体与嗅觉接触，溶解在鼻黏膜嗅觉神经附近的黏液里，嗅觉神经的末端受到刺激，通过化学作用，使大脑产生香的感觉。

嗅香气时，用一手揭开杯盖靠近杯沿，用鼻轻嗅或深嗅。为正确判断香气的高低和类型，嗅时应重复一两次，但每次嗅的时间不应过长，过久会失去嗅觉敏感度。

青茶类的花香可分为：馥香型（香甜持久）、清香型（清长纯正）、淡香型（青长低沉）、青香型（高长有青味）、辛香型（刺激性强）、焦香型（有焦糖香）等。

茶叶开汤后，茶叶内涵成分溶解在沸水中所呈现的色泽为汤色，又称水色。主要项目有：（1）茶汤颜色（金黄、橙黄、橙红、清黄等）；（2）茶混浊浓度和碎屑；（3）茶汤浓度；（4）第一、二、三次冲泡时茶汤色泽等的变化差异。同时看汤色要分析：（1）结合茶汤温度，温度下降时汤色转浓；（2）和各茶季相结合，春季汤色以金黄为佳，夏季则橙黄，秋季为浅橙黄最好；（3）和品种相结合，各品种汤色不同，春茶如铁观音为金黄橙黄色，黄淡为清黄色等。茶汤的色泽分淡黄、青黄、淡红、褐红、青黄、清澈度。

铁观音茶滋味醇厚鲜甜，香气清芳高强，特殊之香气以"观音韵"有别其他乌龙茶。水色金黄，叶底肥厚软带润。

铁观音香味粗略分类为品种香、花香、果香、蜜香、松脂香、季节香等，如果要更清楚铁观音之香与甘醇，可将冲泡好第二、三泡茶汤放凉了，再喝半口茶，

泡茶要有好 功夫

杯得松脂香

由口腔温热茶汤，徐徐让茶汤滑入喉咙，再将口中的茶香用鼻孔向外吐气，即可感受到铁观音的香，接着再喝半口温或冷的白开水，即可感受到铁观音的甘醇。

武夷茶、乌龙茶、铁观音，不同茶种有焙火、香气、韵味等极致的体验，如何引动味蕾的第一步，是用对杯——薄胎，白瓷杯，引来清、香、甘、活，味觉的应现。

11章

[红茶]

提把的闲情

从茶叶的外表到品茶的核心，一条精致的红茶之路，标示着西方人爱上红茶所酝酿经历的无限上升之路。由茶的品法，渐次丰富，品原味（plain tea）或是加上奶（milk tea），抑或是柠檬红茶（lemon tea）以及用花、香料焙成的加味茶，陆续登上品饮舞台。累经品饮的泡饮，却是东方遇上西方的惊艳！

量化用器·用杯共识

反复品饮中，引出一条针对红茶器的主线，深刻地将茶汤的本源性简化，以理性容量与量化的西方泡饮方式，悬置了东方中国品茗自在的随心所欲，而将品红茶定格的，竟出自于"杯把"。

西方红茶器中的杯子，脱形于模糊的"大""小"杯量，当下用茶量化的毫升数，规制出茶与水的交流，让知觉契合红茶的量化用器，形成一套有组织结构的杯的世界。通过瓷器品牌的通路，推行而成为品红茶用杯量约制的实情，已成为品茶用杯通行的共识。

红茶杯的实情表露在器形上，意味着每一只红茶杯和每一茶组部分相对，以一杯相对于整体茶器组，品茗才可能得到茶汤释放，才使红茶茶杯容颜显现。而在每只红茶杯身上，已存在一些精妙设计：杯把，正是西方红茶品用的原点，有了杯把的杯子成为"红茶杯"。

在视觉的指认下，有把的杯子自然是为红茶服务专用的，其相应的容量显现，并定出 200~300 毫升的正统杯量，容量与杯把形制成为连接和品味红茶的最具彰显性的茶具。

"容量"是有机体，独立在杯体内，是表达为红茶服务的专情；"杯把"更是红茶杯参照的中心点，两者不可分割的因果关系，适切地表述红茶杯历经三百多年风华所具足的文化意义。

品饮文化交流杯器（左页）
红茶的量化（右页）

红茶杯的容量如何定出来？东西方对品茗的认知截然不同。西方名瓷系列中，像是麦森（Meissen）、皇家哥本哈根（Royal Copenhagen）、纬致活（Wedgwood）等世界知名品牌约定的共识：杯子的容量定在200~300毫升，同时揭举了正统标准满杯是200毫升是为一种基准。

东方的红茶杯已被西方有杯把的红茶杯击退，而渐将东方世界中常见的杯器闲置不用；尽管使用互为竞争，却在形制中出现巧妙的错置与安排：红茶杯的容量是由日本茶碗所引发的灵感？日本茶碗联结上升的关系，正是源自中国宋代的茶盏。如此巧妙的姻缘是谁来安排？还是一场美丽邂逅结下的不了情？

"把手"连接的杯器，在外观的视觉焦点更显见是一种混种文化的交融，竟写在杯子有无把手的功能设计身上。把手在机能使用中又具设计感，光是把形又见千万风姿，由出土的把手杯与世界所发行各式把手各领风骚。

"黑石号"的敛口杯

将功能融入造型，站在使用者的立场，"杯把"小设计却有大妙用。有"把手"的茶杯在机能与使用法分为：(注18)

下支型：把手下部凹状，供中指停靠，由下方支撑茶杯。

上押型：大拇指可由把手上方突出或转折突起

把手各领风骚（上）
有杯把　有机体（下）

的把来端住茶杯。

下支上押型：分别由中指、大拇指分担拿杯的力量，用中指
支撑手端用茶杯。

横握型：把手细长，可用食指和中指横握持杯，这类茶杯杯型较小。

宽大横握型：以大拇指外的三指或四指放入把手当中横握持杯。

指摘型：用时只与大拇指的指尖，左右指摘方式持杯。

六造型原创，在红茶杯世界放光彩。

1710～1721年，麦森窑所制贝德贾炻器茶杯，用"上押形"设计，风靡市场。

西方把手杯成了"红茶杯"代名词；这种把手杯在1998年发现的沉船"黑石号"
中出现了，其象征意义非凡。把手见证了杯子的互相学习、仿效的文化交流。"黑
石号"沉船中发现的白瓷约有三百件，器形单纯，有杯、杯托、碗、执壶、罐，
等等。其中打捞出的杯器有无柄敛口杯与单柄敛口杯。

敛口杯的基本形制是：敛口、弧壁、深腹、浅圈足、足底平切，有的圈足外撇。
单柄敞口杯形制又有：束腰形、垂腹形两种。单柄杯形式早于今日西方名瓷千年，
就形塑出敛口杯形，是由金银器中得来的灵感。

红茶杯把手设计分类

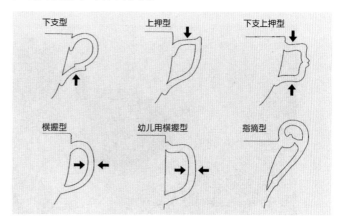

注18：红茶杯把手设计分类，仁
田大八著，《邂逅英国红茶》，
台北：布波出版有限公司，2004
（编辑部绘）。

有田烧的容量情缘

撤口杯是仿金银器的造型,1970 年西安何家村唐代窖藏出土的掐丝团花金杯,和 1963 年西安沙坡村出土的素面银杯,一部分可能是中国工匠的仿制品,亦可能是粟特工匠在中国的制品。"黑石号"沉船中的金杯即属粟特式器物。

由此可知,茶碗或茶杯是以手持用的器皿,必须能与人手结为一体,才能得心应手,针对茶杯标准容量的由来:1709 年,统治德国萨克森大公国兼任波兰国王的奥古斯特二世在麦森城内的亚伯特堡成立王室专用瓷器窑,此为"麦森瓷窑"的前身。当时国王要求茶碗的容量要和日本有田烧茶碗容量一样是 200 毫升。麦森窑生产"蓝洋葱"(blue onion)系列的茶杯,说明一本初衷的容量坚定情谊,自 1739 年生产至今图案的风格不变,200 毫升的容量不变。

麦森的茶杯坚持长达三百多年的容量、图案纹饰,正符合消费者容易拿取的器形。单手把形制正代表西方红茶杯深深连接着东方茶器的结构,这种融入也是茶杯器形的混种文化下的产物。

失落的环节

由日本观点出发,德川时期(1603~1867)就定下了茶碗的基本尺寸:碗口径12 厘米,高度是口径的一半,用来装茶汤容量为 200 毫升。同日本观点指称,

红茶的容量情缘

金杯

素面银杯

丝团花金杯

西方茶杯模仿日本茶碗的口径所注入茶汤的容量。

在西方、东方茶杯的联结中，却出现一段失落的环节（missing link）。那么日本茶碗的形制容量又从哪儿来？将中国宋代茶盏与日本茶碗的类比，容量相扣的联结因子是：日本向中国习得的茶盏外观，与烧结后的容量。

将德川时代茶碗的口径与高度拿来与一只中国宋代建阳窑黑釉茶盏口径做对比，结果是口径12厘米，碗高是口径的一半。若是取如此标准大小的宋代茶盏来参照，又会发现茶盏注水到了第二道折口时，容量正好也是200毫升，找到了失落环节的联结，茶盏的关键"容量"是东方到西方的超联结关系。

宋代茶盏利用杯形上所留下的折口，成为度量容量的妙法，在一次视线的注视中，折口的表情显现精妙的参照：200毫升到此界。

茶盏本身不偏不倚，通过观察交错，展现出存在的容量意义，正是赏茶鉴器的文化蕴咏。

一朵花　水面计

一朵花·水面计

中国宋代茶盏设计的两道折口，分别用来置茶末量，以及注水量，这种以杯折口标示茶水的定量法，与17世纪后西方名瓷制杯深具关联性。当时西方瓷杯内绘有花草、虫鱼等图案，作为显示水注入杯的度量，而称为"水面计"（water gage）。

借杯里的一朵花或虫草等可爱图案增添品茗时的视觉效果，联结到中国黑釉茶盏以金彩或银彩绘饰的吉祥字或是图案，以致注入击拂产生的视觉效果。东西方茶杯上的巧思安排，纳入度量的考虑时，茶杯内的图案，恰似注水的"水面计"，而其所获得的水量就是200毫升。

借由杯内的小图案提示注水的分量，正是品茗注水时的一款精心设计，是品茗者泡茶观照自我的况味！更成为茶主人倒茶分享给茶友的提醒。在品红茶的用量，因杯以存在的理性，遇到中西不同红茶时，滑进绝对标准量化中，却不能失去品不同红茶的自然本性！

容量的巧合是文化深层的相知，也告示了瓷器贸易的活络。从十七八世纪的订购记录看，茶专用瓷杯兴盛不衰。

一千个带托盘的饮料杯

耶尔格（jörg）《十七世纪中国向荷兰出口瓷器的状况》中提到，17世纪90年代，巴达维亚的瓷器经销商曾作出估计：他们每年接收的中国瓷器出货量为二百万件。

耶尔格《瓷器与中国、荷兰的贸易》书中记载了荷兰从 1729 到 1793 年进口瓷器的确切数字。1756 年，荷兰的一个单项订购统计如下：一百个鱼盘、二百个汤碗、二百套餐具、一千个茶壶、一千个痰盂、一千个带托盘的饮料杯……

霍华德·大卫与约翰·艾尔斯（Howard and Ayers）在二人所著的《中国与西方》中估计，18 世纪景德镇平均每星期生产二百件外销瓷，整个 18 世纪生产约两百万件出口瓷器。这只是全部出口瓷器的 1%。当时，东印度公司的船到达广州，每回航行能带回十五万件瓷器。当时英国、瑞典、丹麦与其他国家也参与瓷器贸易。

中国瓷器外销的惊人数额，引起欧陆投入研究，前面提到的奥古斯特皇帝下令研发制瓷的秘方，而在 1709 年获得成功。接着，奥古斯特便在麦森成立制瓷工厂，并引动其他国家瓷器的兴起。

从瓷器身上看得到中国与欧洲瓷器在风格上的相互影响。1752 年，荷兰货船"海尔德马尔森"号从广州开往阿姆斯特丹的途中沉没了。1985 年，这艘沉船被英国团队打捞出水，超过十五万件以上的瓷器重见天日。

耶尔格《海尔德马尔森——历史与瓷器》中记载：在海牙的国家档案馆中，保存了"海尔德马尔森"号所载货物清单的副本，当中包括六万三千六百二十三件带托盘的茶杯。

"海尔德马尔森"号上的瓷器多来自景德镇，而全部都绘有釉下彩的青花图案。

釉下彩的活力（左）
品法东西交流（中）
瓷器外销风华（右）

其中茶盏的中心绘有几片花瓣。基本的构图经过添枝加叶，最终发展出山水画。

中西瓷器的交流，杯器的图案、形制的互为影响，是先由中国影响欧洲，再由欧洲深深影响中国。杯器如是，红茶亦复如此！那么，西方发展出来的红茶制造和中国红茶，在用杯品茶时会出现哪些差异？

品法用杯·东西交流

中国红茶与西方红茶在分类上是相容互见的。由"中西红茶名称表"（注19）中可见叶茶类的分组以西方红茶现行的 FOP（Flowery Orange Pekoe）为例，就是中国花橙黄白毫，而西方称 FBOP（Flowery Broken Orange Pekoe）和中国花碎橙黄白毫的分类是相通的。红茶名称互通，但杯器的使用出现差异。茶器以"杯组"（tea set）模式，所生产的名瓷名牌是主流。

例如德国麦森与英国纬致活的"壶与杯"组，不同品牌图案各具特色，很难拆开使用；反观中国人品茗是选壶加上配不同杯，品中国台湾阿里山樟树湖

注19：中西红茶名称表，《茶叶审评指南》，北京：中国农业大学出版社，1998。

选好壶配对杯（上）
乐活下午红茶（下）
西方红茶香（右页）

所产软枝乌龙茶，或以宜兴壶配置景德镇窑的瓷杯，亦可用龙泉青瓷杯。其使用方式可见品茗主泡者的用心，以及对茶器的品位，并且要渗透不同器表发茶的差异性，才能选好壶配对杯！

中西用器反映品红茶的不同性格，但学自中国的西式红茶分级品牌化，正提供中国红茶的学习。

红茶是全发酵茶，西方红茶的品牌化很彻底地利用分级分类的层级来增加产值；但是，级别与直观的品质是由厂商定的。对于品茗者来说，若只是盯着品牌，少了自己的观点，那么在杯器的使用上，也只是用品牌价格去比对衡量。学习红茶的评比，才能买好茶，具足好茶，选器才得宜，才能从红茶杯提把品出闲情与品位。(注20，见下页表)

汤色红亮，是优质红茶的基本条件。衬托红茶，不单靠名牌瓷器的名气，更要靠瓷杯的衬色：有纯白抑或象牙白的杯底。加上西方品牌擅长滔滔不绝论述茶器的历史，勾连品茗与贵族的氛围，与中国品红茶的少语和沉默截然不同。

中西红茶名称表

类 别	花色名称	英文名称	简 称
叶茶类	花橙黄白毫	Flowery orange pekoe	FOP
	橙黄白毫	Orange pekoe	OP
	白毫	Pekoe	P
碎茶类	花碎橙黄白毫	Flowery broken orange pekoe	FBOP
	碎橙黄白毫	Broken orange pekoe	BOP
	碎白毫	Broken pekoe	BP
片茶类	碎橙黄白毫片	Broken orange pekoe fanning	BOPF
	碎橙黄白毫	Pekoe fanning	PF
	橙黄片	Orange fanning	OF
	片	Fanning	F
末茶类	茶末	DUST	D

红茶风靡世界

评定红茶品质参考标准

项 目	等 级	品质特征
外形	甲	细紧露毫有锋苗，色乌润或显棕褐金毫
	乙	细紧稍有毫，尚乌润或尚棕润
	丙	细紧，尚乌润
汤色	甲	红亮
	乙	尚红亮
	丙	欠红亮
香气	甲	嫩甜香
	乙	有甜香
	丙	纯正
滋味	甲	鲜醇甜和
	乙	醇厚
	丙	尚醇厚
叶底	甲	柔软见芽，紫铜色
	乙	尚嫩匀，暗红色
	丙	欠匀，多筋，暗褐色

在杯中自由思考

中国人品红茶，看中汤色显毫，香气浓郁，滋味浓醇，以白瓷盖杯，就可表彰功夫红茶的美好。但是西方红茶的茶器外，还有品茗时搭配的茶点、食物，比对认识或不认识多了加成效果，多了在茶杯中自由愉悦的思考。

西方红茶的多变性，多样口味，以单一红茶为基底，调配出多种类花茶，提供给品茗者享用选择；但是，中国人对红茶的感受不及其他五大种类茶来得用情专心，但借由茶杯用器的审美内驱力窥得。

红茶杯把手是精妙视觉设计，意味机能潜在实用性能。把手在西方广布散漫着，直叫一眼就指涉红茶杯的形制确立不可撼动的"形象"；但在相对茶杯带把的细部解构分析和使用分享铺展之间，品红茶的客观起了变化，茶的完整度是叶，是末，是袋泡或散茶，都委实在西方品茗

注20：评定红茶品质参考标准，《茶叶审评指南》，北京：中国农业大学出版社，1998。

红茶调味精灵

搭配茶点愉悦

组织结构中带动了周边茶器的延伸，并一次次地勾起爱茗者的想望，成为藏杯器的实现！

建构红茶杯与红茶的组合，受限于品牌的成套搭配，在西方红茶共感世界中，已简化成为一种自主的系统；而中国品红茶的茶种揭示的本源性：茶汤颜色，香味蹿升，冷与热的残留并存性，正是验证杯器实用的结果与保证。

12章

［黑茶］

陶杯的沉淀

黑茶中最具代表性的普洱茶，一度被视为『可以喝的古董』！在熟普洱的『疯』潮当中，藏普洱茶是一种绝对现实主义，以增值作为投资的体现，而面对最纯粹的茶用来喝的本质时，用何等杯器展现普洱茶最精致的精纯，绝对不是靠茶的身价来推动的！阐释普洱茶合宜的汤味，展现普洱茶的井然有序，必然将摆弄面前的『陈年就是好』放下。

土与茶的细语

汤入杯辨高下

品普洱茶在品茗者的观察中，孕育直观性的认识：那就是普洱茶的年头问题，关系着普洱茶品质是否能成为价值的关键因素。但，缺乏"陈年"认证的提供，可被视能力（看出来）的因子，得靠泡饮才足以现出真实茶的潜藏因子：其间正包括了该茶是生饼、熟饼，以及此茶饼存放年限的真实性！

泡好茶汤注入杯的当下，就可由茶的汤色和香气，来突破视能力的局限，甚而直入取得理性的理解，判断年龄的真老陈，或是虚掷的谎报。

注入茶汤的杯子，在贯通茶汤的因循过程中，可由"色"断"茶"，可由香气来判优劣。那么，承载茶汤的杯器必须建立客观性，杯色不可夺汤色，更不可掩盖茶汤香气。

瓷杯，是忠实的反映，普洱茶优质与劣质立见高下。

由"色"断"茶"

找对杯喝对茶

由于品鉴与品赏的出发点不同，想得到茶汤的效果也不同。品鉴的用杯，宜用白瓷，可见汤色真身，可仰首面向普洱茶的神秘而不迷失；若用他色茶杯，早已在被蒙蔽的茶质和混淆的茶龄中，失去判别。原本已存在于茶面与茶汤里铮铮的事实，成为编故事的借题。

20世纪20年代的普洱茶

跨越普洱茶迷思，首推是"越老越好"。多久才是老茶？隔一年就算老？那么有三十年的老普洱茶就有三十倍多于新茶的"好"？"老就是好"——感情作祟！买错茶用错茶器，借助杯器软化去酸气的蒙蔽就是个例子。其实买许多茶，又常继续被蒙蔽，原因是不敢面对现实。

普洱茶掺入"叙述性戏剧"故事，实际只不过是为促进交易罢了。走出"戏剧化"式说普洱故事，放下普洱神话，安心去找对杯"研究"汤色：那么野生普洱茶、台地普洱茶也好，渥堆普洱茶、晒青普洱茶也好，便都可以按其客观因子来分辨。（注21）

评定普洱茶品质参考标准

品 名	内 质			
	香 气	滋 味	汤 色	叶 底
特级	陈香浓郁	浓醇	红浓明亮	褐红细嫩
一级	浓纯	浓醇	红浓明亮	褐红肥嫩
二级	浓纯	浓醇	红浓	褐红柔嫩
三级	浓纯	醇厚	红浓	褐红柔嫩
四级	浓纯	醇厚	红浓	褐红尚亮
五级	纯正	醇和	深红	褐红欠匀
六级	纯和	醇和	深红	褐红欠匀
七级	纯和	醇和	深红	褐红欠匀
八级	纯和	醇和	深红	褐红欠匀
九级	纯和	平和	深红	褐红欠匀
十级	平和	平和	深红	褐红稍粗

注21：评定普洱茶品质参考标准，《茶叶审评指南》，北京：中国农业大学出版社，1998。

转换阴阳的再生

茶汤明亮，金圈清澈，均是普洱茶品质优异的表现。渥堆与陈化后的晒青普洱茶会出现红亮；但前者易夹带酸气，后者则散发糯米香。同样地观茶汤色不按色差，应用亮度分辨，优质普洱生饼汤色明亮，亦若优质青茶的金黄汤色，茶汤的"亮"隐藏茶背后的采摘天候、制作工序等细节，杯中之汤微观抽丝剥茧，可判断普洱茶是用何种制法完成？

对茶树的崇敬，连在一起的故土，就是茶转换阴阳的再生，不是埋在土里，而是对植物生命的母体，一种母性色彩的连接，砂砾土、黄土、红土、黑土……不同颜色联结适宜的茶树，标示茶树长成的场域、海拔、湿度、日照、降雨量等，喜爱斗茶之士，由杯器中喝出一款茶一种土：海拔一千七百米云贵高原植被黑土上的野生茶。

耀眼的茶底在杯底

同一种茶树，有形象的原始，接受种植土壤的载体，就分列了各种组成和排列，显示土壤深层结构的茶地底蕴，有了主权身份的伸张，不容外侵，给茶弄张基因身份证看来是科学，却违背本质的存

评定普洱茶有标准（上）
耀眼的茶底（下）

在，耀眼的茶底不在远方，不在冰冷的资料库，而在热滚茶汤的杯子里。

静穆的砂土相互细语着，满空的艳阳高照，水流的生机注入等待。阴绵细雨的黏稠，松软的土基，让茶叶重载着希望。茶树的自身不作声，土壤却按着晴雨叹息，是无法向天空呢喃，只是和茶树根枝叶诉说着无语。

敞开茶的想象，可以感受到茶对土壤气流散发的激情，那就是一股"山头气"，这是茶的生长根源，是茶园里的泥土香。如同气味从实体的芽尖散发般，信以为真茶香散发着茶的灵魂，想象一千年长寿的老生命。

白瓷毫无隐瞒

云南巴达山的普洱古茶树前，一千八百岁的长寿，仰赖脚下土壤孕育，原始植被、荒山大树，一分而四，茶树布满苔藓，正是负离子活跃的符号。

如果想研究茶香气息，茶的形象生命，那么在风里的茶香，在茶杯里让品茗者坠入深深遐想。走出想象的实体，操作是选杯。

以普洱茶汤入杯所选材质，白瓷杯器让汤色尽情表露，毫无隐瞒，这正是今人鉴茶的基本功。而白瓷中又以朴质无华的景德镇素色白瓷，胎薄釉纯，白的显相能力最强，和德化瓷的牙白瓷杯相比，后者因色呈象牙黄光，易使红浓茶汤加深，而失判断准确度。如是才能摆脱靠普洱茶包装纸的形式，而杯中的茶汤，正诉说着普洱茶与土地的细语。

以杯看茶或以玻璃器透明度佳可观全景，殊不知玻璃器散热快，茶汤易走味。

有了如是遐想，品普洱茶的杯子就由醒着的白瓷，走入在陶的幽隐里。陶的毛细孔，土的温馨，将普洱茶存放吸附的杂味抛除，利用陶土的均温来协调单宁的平缓，每次的陶与普洱茶的沉淀，总是扮演调和、提升。

苔藓，负离子的活跃（右页左上）
千年老茶树（右页右上）
茶树与土地的呢喃（右页下）

在真实与非真实、存在与不存在之间，共构了茶与器的共生关系。那么，黑茶的渥堆、晒青所幽隐的原点，甘、醇、活、甜，从具体紧凑的瓷杯，转向宽松、散淡的陶杯，是深刻格调？抑或是风致直逼？茶与杯的材质，看来通向共归的理想。那么陶与瓷的关系何在？

陶瓷大不同

瓷器的发明是与陶器有密切关系的。但陶器与瓷器则是质料不同的两种东西。两者源远流长，有关系却又没有关系。原始社会的新石器时代初期，就已经发明了用陶土（即黏土）做坯烧制和使用陶器。夏商时期出现了坚硬的灰陶。

陶器的胎质都是用陶土做坯烧制而成，所以都应是属于陶器的范畴，陶土内所含矿物元素的特性，陶器在陶窑内的烧成温度在700℃～800℃之间，高者也不超过1000℃。陶器的胎质有明显的吸水性。在烧制陶器中，发现用瓷土（或称高岭土），加入一定数量的长石、石英等成分，能提高烧结性能。由于器表无釉，所以称"原始素烧瓷器"。又发现青色釉料这种矿物原料，于是创制出器表施釉与胎质烧结性能较好的"原始青瓷器"。

瓷器的烧成温度一般都需要在1000℃以上，胎质才能达到烧结性能，因而瓷器的胎质比陶器坚硬，不吸水分或少吸水分，击之可发出清脆的金石声。陶土与瓷土所含化学元素是根本不同的两种物质原料，两者之间不会因火候高低而互相转化。

茶的形象在风里（上）
陶杯缓和单宁（下）
毛细孔滤酸气（右页上）
陶茶的沉淀（右页下）

艺术性与实用性

陶土的烧结温度低，胎质有明显吸水性，而陶土制坯在中国台湾陶艺作品中屡见创新。

一般用来拉坯的陶土，最常用苗栗土与南投土。不同土矿来源的土，其性质就有差异，就算是同一来源的土，品质也不一定相同。因为台湾土矿的开采，往往不是垂直开采，而是先由表层，再一层一层往下开采。表层的土质与底层的土质稍有差别，所以前后不同时期所产制的黏土，其性质也就很难一致。陶土的基调从苗栗土与南投土的共通性出发：制杯。

陶土制杯的方法：

徒手成形，有手捏法、泥条法、陶板法、挖空法；

模具成形，有压模法、旋坯法、注浆法；

拉坯成形。

制杯方法不同，赏杯具有主观性，纯手工成形的杯各具特性。除欣赏其艺术性外，在陶杯实用性的考量上，必须懂得密度、吸水率对于茶汤的影响。

品陈茶宜大杯

杯器成形万千，选择品茶用杯关系陶器密度，密度低表示吸水率高，对于茶香与滋味有较大的影响。吸水率在 5%～10% 较为适宜，可过滤黑茶中的渥堆酸气。

选杯分两面来看：喜茶气强者，可选烧结密度高的瓷杯或瓷盖杯。由于瓷不透气，好的陈茶更能发散其真心的内在美，让陈化后的茶质

品陈茶宜大杯

尽情发散，尽情表露原有的风华。

喜醇原茶汤者，可选用陶杯，由于胎体松些，会降低茶气之香，却可凝聚茶的汤底厚度，使得汤味饱实、成熟感十足！

品陈茶杯宜用大杯。大小以手掌可握为宜，陶制品优于瓷杯，可用不上釉或是柴窑烧成杯，或以单色釉原杯，有助品陈茶的滋味与气氛。

品茗最生动的"生"

醇化老普洱茶，在一次和战国灰陶绳纹杯相见时，紧茶的组织释放出来，而在杯面起釉，仿佛是令人神往的山岚幽谷。陶杯品黑茶，是汤色沉入陶器无边际的深，却是品茗最生动的"生"！

辨普洱分真伪

普洱茶因包装不完整，出厂地难确认，年龄常被虚构，如何辨识年龄成为选购普洱茶重要指标。以下是观茶术辨真伪的三大招数：

（1）看竹壳：市售的圆筒装普洱茶饼，其竹壳常呈现"新样"，简直令人无法相信其中的茶叶真有那么"资深"。推敲这唯一的

瓷，尽散真味

可能是：业者通过后加的包装，来强调普洱茶的年龄。竹制品会因岁月的氧化而产生"皮革"感。试想，一超过五十年的普洱竹壳包装，若竹壳依然跟新的一样，怎能叫人信服？事实上，用来包装的竹壳，会因为岁月而产生氧化，在竹壳外层形成鹅黄发亮的色泽，即"包浆"；而非一般所见昏暗无光泽，甚至出现因为刻意浸水而产生的污渍。掌握这一点，便是你分辨百年老茶包装的关键。

（2）茶面油润：有陈期的普洱茶，若是放在干净的仓内，茶面会自然地泛出茶油光泽，这种由茶叶自然陈化的油光，好似宋代单色釉的内敛稳重，绝非用泼水造成的假色可以比拟。从外形来看，用栽培型野生茶所制成的茶叶条索硕壮，若由栽种的台地茶所制，则见嫩芽铺茶面，卖相佳却不宜久放。

（3）茶汤红亮：老普洱因茶单宁醇化泡出的茶汤色红艳明亮；可以观看茶汤与茶杯的接触边缘有透明度，色如枣红亮丽，表示茶质佳；反之，则暗淡无光。好茶茶汤入口沉稳，回甘细致；仿冒老茶或劣质茶饼的茶汤暗浊，喝起来茶水分离，霉味不去，不堪入口。

醇厚茶汤用陶杯（上）
陶杯深邃（下）

普洱品淡雅

品出香甘醇活甜

陈年普洱因存放而增质、增值。如何品出陈年普洱茶的香、甘、醇、活、甜的真滋味？

陈年普洱经岁月陈化，二十年的陈期让茶出现高峰，茶单宁的醇化使茶汤入口滑顺甘甜，后韵无穷；三十年的陈化，则出现糯米香；四十年的普洱茶，则若老僧入定，初入口似无味，后韵如涌泉般流泻而出，值得玩味再三。若遇到五十年以上的普洱，茶汤松透，一股太和之气油然而生，入口茶气行遍周天，令人全身温暖起来。

两个人品的茶样，或许陈年期限一样，却会因存放条件不同而有所差异，同时味道也会受到泡饮的方法、茶器或用水而有连动影响变化。其实，好的陈年普洱应具有香、甘、醇、活、甜。

图书在版编目（CIP）数据

茶杯：寂光幽邃／池宗宪著. —2 版. —北京：生活·读书·新知三联书店，2019.8
（茶叙艺术）
ISBN 978 - 7 - 108 - 06470 - 7

Ⅰ. ①茶⋯　Ⅱ. ①池⋯　Ⅲ. ①茶具－文化－中国
Ⅳ. ① TS972.23

中国版本图书馆 CIP 数据核字（2019）第 030312 号

责任编辑	赵庆丰　张　荷
装帧设计	蔡立国　刘　洋
责任印制	卢　岳
出版发行	生活·讀書·新知 三联书店
	（北京市东城区美术馆东街 22 号 100010）
网　　址	www.sdxjpc.com
图　　字	01-2019-4336
经　　销	新华书店
印　　刷	北京图文天地制版印刷有限公司
版　　次	2010 年 8 月北京第 1 版
	2019 年 8 月北京第 2 版
	2019 年 8 月北京第 4 次印刷
开　　本	710 毫米 × 1000 毫米　1/16　印张 12
字　　数	150 千字
印　　数	20,000 - 26,000 册
定　　价	49.00 元

（印装查询：01064002715；邮购查询：01084010542）